盘式流体机械气动热力学研究及应用

齐文娇 著

中国石化出版社

·北京·

图书在版编目(CIP)数据

盘式流体机械气动热力学研究及应用/齐文娇著 . —北京：
中国石化出版社，2023.9
ISBN 978 - 7 - 5114 - 7325 - 7

Ⅰ.①盘…　Ⅱ.①齐…　Ⅲ.流体机械 – 空气热动力学 –
研究　Ⅳ.①TK05

中国国家版本馆 CIP 数据核字(2023)第 185361 号

中国石化出版社出版发行

地址:北京市东城区安定门外大街 58 号
邮编:100011　电话:(010)57512500
发行部电话:(010)57512575
http://www.sinopec-press.com
E-mail:press@sinopec.com
北京富泰印刷有限责任公司印刷
全国各地新华书店经销

*

710 毫米×1000 毫米 16 开本 9.5 印张 164 千字
2023 年 12 月第 1 版　2023 年 12 月第 1 次印刷
定价:58.00 元

主要符号表

A	面积/mm^2
b	盘片间隙/mm
c	动静径向间隙/mm
C_m	流量系数
C_P	比功/(kJ/kg)
c_p	质量定压热容/[J/(kg·K)]
C_T	扭矩系数
d	直径/mm
DC	盘片流道
E_k	Ekman 数
h	盘片外缘尖角高度/mm
h/t	盘片外缘尖角相对高度
m	质量流量/(kg/s)
Ma	马赫数
n	转速/(r/min)
N	数目/个
p	压力/kPa
p_{nt}	透平进口总压/kPa
$p_{\mathrm{i,d}}/p_{\mathrm{nt}}$	透平压比
P	功率/W
r	半径,径向坐标/mm
T	温度/K
t	盘片厚度/mm
T_t	扭矩/(N·m)
U	轮盘圆周速度/(m/s)
V	相对速度/(m/s)
v	绝对速度/(m/s)
W	相对切向速度/(m/s)

$\hat{W}$	无量纲相对切向速度差
z	轴向坐标/mm
α	喷嘴出口几何角(与切向的夹角)/(°)
γ	比热容比
δ	质量流量和扭矩百分比/%
Δh_{isen}	透平等熵焓降/(J/kg)
η	等熵效率
θ	周向坐标/rad
ν	运动黏性系数/(m²/s)
ρ	密度/(kg/m³)
φ	速度系数
ω	角速度/(rad/s)
Ω_p	压力反动度

下标

c	动静腔室
d	盘片
dc	盘片流道
h	排气孔
i	内部
m	模型透平
n	喷嘴
o	外部
p	原型透平
th	喷嘴喉口
v	排气管

目　　录

第 1 章 绪论

1.1 流体机械

1.1.1 简述

流体机械是指以流体为工质进行能量转换的机械。泵、风机、压缩机、水轮机、汽轮机及风力机等都属于流体机械,作为重要的能量转换装置,广泛应用于航天、航空、电力、船舶、石油、化工等领域,在国防建设和社会发展中发挥着至关重要的作用[1]。

流体机械按照能量转换可分为工作机和原动机两大类。工作机也称从动机,是指将机械能转变为流体的能量,用来改变流体的状态如提升流体压力等,如泵、风机、压缩机等。原动机也称动力机,是指将流体的能量转化为机械能,用来输出轴功,如汽轮机、燃气轮机、透平膨胀机、内燃机、水轮机、风力机等。原动机与工作机的理论基础、作用原理及结构形式相似。但是所进行的过程相反,所起的作用也相反,就像内燃机与活塞压缩机,离心压缩机与向心透平等。

1.1.2 流体机械发展趋势

流体机械作为能源行业的重要机械装置,随着市场需求的驱动和加工制造技术的不断进步,流体机械正向着超大型和微小型两个方向发展。

一方面,国家经济快速发展,电力需求快速增长,因此发电机组中透平机械的功率和尺寸在不断提高。法国阿尔斯通(Alstom)与东方电气股份有限公司共同研制的当前世界单机功率最大的核电汽轮机,功率高达 1750MW,由 1 个高中压合缸和 3 个并行的低压缸组成,转速为 1500r/min,于 2018 年底在中国台山核电站并网运行。常规透平机械的效率随着透平尺寸的增加而提高，主要是因为相对叶顶间隙减小从而导致泄漏损失降低。透平机械的大型化发展受到了结构、制造及流动效率难以进一步提升等多方面的限制。

另一方面，随着微细加工制造技术，以及可再生能源利用技术的快速发展，小型流体机械广泛应用于地热发电、太阳能光热发电、各种余热回收系统等。目前常用的微小型流体机械型式是叶轮机械，微型燃气轮机是目前发展最为先进的代表。微型燃气轮机的单机功率在 25～300kW，主要技术特征是采用径流式叶轮，包括离心式压气机及向心式透平，主要用于余热利用、分布式能源利用、小型动力装置及便携式移动电源等[2-7]。微型向心透平和微型离心压气机作为微型燃气轮机的主要部件，多个研究机构已对其在设计、流动特性、密封等方面进行了详细的研究并取得了较大的进展[8-17]。

微型燃气轮机根据其主要部件，即压气机与透平叶轮直径的大小可分为厘米级（10cm 级别）和毫米级（1cm 级别）[18]。厘米级燃气轮机已取得较为突出的研究进展，国外已有成型的厘米级燃气轮机。Capstone 公司[19]研发并制造生产的 C30 燃气轮机，其透平轮盘直径为 109.2mm，工作转速为 96000r/min，输出功率为 30kW。而毫米级燃气轮机的研究还处于初级阶段。MIT 研究的微型燃气轮机，其透平轮盘直径为 6mm，叶高为 0.225mm，转速为 1200000r/min，产生 0.1 N 推力或 17 W 的轴功率[6]。综上，常规有叶透平在微型化时出现两大难题，其转轴转速急剧升高，且其流动效率也会快速下降。

转速急升给轴承的研发和制造带来了极大的挑战，国内外学者关于高速和超高速轴承在设计与应用领域已经取得了一些研究进展[20-24]。但是这类超高速轴承的可靠性仍然不高，其润滑理论和设计理论仍需突破，并且高速或超高速轴承设计的物理空间限制严格，对加工装配水平要求极高，其承载能力和最高运行速度还存在相互制约等。因此，高速或超高速轴承问题已成为当前研发微型叶轮机械的主要障碍之一。

此外，随着微型燃气轮机叶轮直径的下降，其叶高也急速下降。以往的研究表明：叶轮直径在 20mm 以下，其叶高一般不会超过 1mm[25-27]。叶高如此之低，其相对叶顶间隙及相对泄漏量将急速增加，导致流动损失急速增加和透平效率的急速下降。对于燃气轮机来说，若部件的流动效率很低，则燃气轮机循环也难以实现。因此，微型透平流动效率低的问题也是阻碍微型透平发展的一大难题。

Deam 等[28]基于现有常规叶轮机械的气动特性数据，详细研究了其模化准则，结果表明，常规叶轮机械微型化至叶轮直径小于 11.2mm 时流动效率下降严重，甚至导致燃气轮机循环系统不能对外输出功率。此外，常规叶轮机械微型化后其轴系转速非常高，采用现有理论设计出的常规轴承目前还不能完全满足要求。这两大难题是阻碍微型常规流体机械研发和商品化的最大障碍。

1.2 盘式流体机械

著名学者发明家 Nikola Tesla 于 1913 年发明了两种非常规无叶流体机械，即 Tesla 透平[29] 和 Tesla 压缩设备[30]，二者结构相似，工作过程相反，能量转换过程相反。Tesla 流体机械的一个特征是轮盘由多个平行、同轴旋转的圆盘组成，因此也被称为盘式流体机械。盘式流体机械的另一特征是流体流过轮盘后依靠工质与盘片壁面的黏性力实现能量转换，因此其也被称为边界层流体机械。盘式流体机械由于其独特的结构和工作原理可以有效解决常规叶轮式流体机械在微型化时出现的轴系转速飞升和流动效率骤降这两大难题。

1.2.1 盘式透平

与常规透平相同，盘式透平包含静子和轮盘，其静子可以是蜗壳或者喷嘴，而其轮盘则是由一组同心、平行的圆盘组成，相邻圆盘间的距离很小，圆盘均安装在转轴上，最终静子和轮盘封装在壳体内。需要注意的是，在圆盘的轴孔附近布置有数个排气孔或排气缝，轮盘和静子在径向上有一定的间隙。盘式透平的结构示意如图 1 - 1 所示。

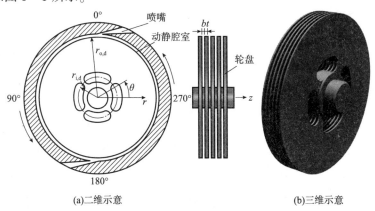

(a)二维示意　　　　　　　　　　　　(b)三维示意

图 1 - 1　盘式透平结构示意

常规有叶透平是利用叶片压力面与吸力面的压力差做功，边界层内的黏性摩擦力是其能量损失的一大来源，而盘式透平则是依靠流体黏性做功。工质在喷嘴或蜗壳中膨胀加速，以近切向流入数个圆盘形成的狭小缝隙中，依靠工质与圆盘之间的黏性剪切力拖动轮盘旋转，以螺旋线轨迹流至圆盘中心的排气孔中，最后流出轮盘，在此过程中将工质的热能转化为机械功。因此盘式透平也被称为边界层透平（Boundary layer turbines）、摩擦力透平（Friction turbines）或者剪切力透平（Stress force turbines）。图 1 - 2 所示为盘式透平的工作原理及三维实体[31]。

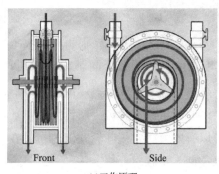 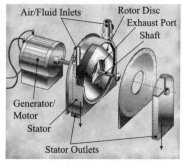

(a)工作原理　　　　　　　　　　(b)三维实体

图 1-2　盘式透平工作原理及三维实体[31]

盘式透平由于其结构和做功原理的独特性，因此具有诸多优势，主要包括：①轮盘上没有叶片，仅由多个尺寸相同的圆盘构成，因而便于加工制造和维修，尤其在小尺寸领域[32-34]；②工质具有多样性，可以是单相流也可是多相流，可以是牛顿流体也可是非牛顿流体，甚至可以是带有颗粒的流动；③轮盘结构简单，在离心力作用下具有自清洁能力[35,36]；④没有叶顶间隙，因而无叶顶间隙泄漏问题，流动效率高，尤其在毫米级甚至更小尺寸领域；⑤盘式透平既可作为原动机，还可作为工作机，仅需改变壳体结构并为其提供动力；⑥盘式透平的旋转方向可以任意改变，仅需改变喷嘴进气方向[37-39]。

盘式透平和常规透平的流动效率随着尺寸或输出功率的变化关系如图 1 - 3 所示[40]。可以看出，常规透平的流动效率随着尺寸或输出功率的减小而降低，而盘

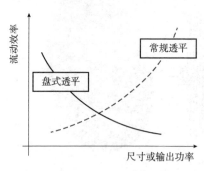

图 1-3　常规透平与盘式透平流动效率

式透平恰好相反，随着尺寸或输出功率的减小，流动效率反而升高。

表 1-1 所示为文献[40]中综述的公开报道的典型盘式透平的结构及运行参数，其参数与常规透平相比，轴系转速明显较低。因此，在小尺寸和小输出功率领域，如果将常规有叶透平替换成盘式透平，可极大降低轴系转速，消除常规有叶透平微型化时轴系转速超高的问题。

表 1-1　文献[40]中综述的盘式透平的结构及运行参数

序号	进口直径/mm	盘片数	压比	转速/(r/min)	功率/kW
1	400	26	—	5400	—
2	304.8	45	6.9	6500	9.25
3	252.4	9	—	6300	—
4	203.2	24	6.2	17000	—
5	177.8	11	—	9200	—
6	152.4	7	—	1290	2.30
7	114.3	—	10.3	24000	0.25
8	76.2	15	4.5	10500	0.15

以上讨论表明盘式透平具有两大特征：随着尺寸和输出功率的减小(微型化)透平流动效率增加；盘式透平的转速也不会太高。这两大特征恰巧解决了常规有叶透平微型化时的两大难题，为常规透平微型化提供了一种新颖的结构方案。

基于公开文献，盘式透平主要用于以下几个领域：①生物质能余热回收[41]；②地热发电装置[41-45]；③热动力装置的废热利用[44-46]；④光热发电装置[47,48]；⑤微型盘式透平[35-39,45,49]；⑥有机朗肯循环装置[40,41,50-54]；⑦移动电源装置[44,49]；⑧无人机动力装置[44,49]等。由此可见，盘式透平的应用较为广泛，为解决目前的能源利用问题提供了新思路和新方法。因此，非常有必要开展盘式透平内部流动机理及试验研究，并提出一套切实可行的盘式透平设计方法。

根据盘式透平进气结构的不同，可以将其分为喷嘴进气盘式透平和蜗壳进气盘式透平。在蜗壳进气盘式透平中，工质从进气喷管中流入蜗壳，在压差的作用下，工质在进气喷管出口处速度达到最高，在蜗壳的作用下，工质均匀地从盘片外缘以近切向流入盘片间隙中。在喷嘴进气盘式透平中，工质从进气管道中流入进气腔室并在其中进行稳压后流入数个喷嘴流道，工质在喷嘴流道中膨胀加速

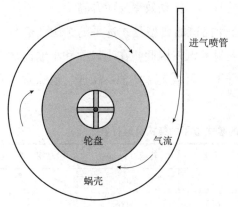

图1-4 蜗壳进气盘式透平示意[55]

后，在喷嘴出口处流速达到最高，后以近切向流入盘片流道。图1-4所示为蜗壳进气盘式透平的示意，喷嘴进气盘式透平如图1-1所示。对比这两种透平，蜗壳进气盘式透平的工质是沿盘片外缘均匀流入，而喷嘴进气盘式透平具有明显的部分进气特征，随着喷嘴数的增加，部分进气度增加，将更接近蜗壳进气盘式透平。

1.2.2 盘式增压设备

盘式增压设备根据工质不同分为盘式压缩机与盘式泵，前者以气体为工质，后者以液体、液气混合物或含悬浮固体物的液体为工质。盘式增压设备的结构与盘式透平相似，工作过程相反，能量转换过程相反。

图1-5所示为盘式增压设备中工质的流动过程示意，与盘式透平相反，其工质在盘片流道中在高速旋转圆盘作用下，以螺旋形流动轨迹离心流出轮盘，在此过程中依靠借助流体黏性提高工质的速度和压力，随后流入数个喷嘴或蜗壳扩压器中进一步减速增压，最终将外界机械能转化为工质热能。

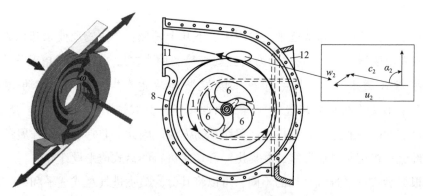

图1-5 盘式增压设备中工质的流动过程示意[56,57]

盘式增压设备的优势与盘式透平相同，由于其独特的结构及工作原理，可解决常规叶轮式压缩机在微型化时出现的流动效率骤降和轴系转速飞升这两大技术难题。微型增压设备在电力、医疗和化工应用等领域有很高的需求，特别是其微型化后的优势使其作为人工心脏或心室辅助器具有较高的潜力[58,59]。

综上，盘式增压设备与盘式透平结构相似，可通过改变静子结构从而改变工质流动方向或者改变轮盘旋转方向这两种方式实现二者之间的转变。此外，二者工作机理类似，均是借助工质黏性实现机械能与热能之间的转换，盘式透平通过工质黏性将高温高压流体的热能转化为机械能，盘式增压设备依靠工质黏性将旋转轮盘的机械能转化为工质压力能。由此可见，盘式增压设备和盘式透平可以采用相同的研究方法开展气动热力学研究，且设计方法及试验方案等可以相互借鉴。

1.3 盘式透平研究现状

自盘式透平问世直至 20 世纪中期，针对盘式透平的研究很少，这是因为燃气轮机的问世且其效率较高。之后由于盘式透平的诸多优势，逐渐引起学者的关注，此时针对盘式透平的研究多采用理论分析和试验的方法。在最近 20 年，随着计算机技术及计算流体动力学的快速发展，学者们也逐渐采用数值模拟的方法对盘式透平的流动细节进行分析。下面分别从盘式透平的理论分析、试验研究及数值分析三个方面对其研究进展进行详细介绍。

1.3.1 盘式透平的理论分析

基于公开文献，盘式透平的理论分析主要集中在轮盘即盘片流道中的流动，极少涉及静子及动静交接处的流动。盘式透平理论分析通过求解流动控制方程，即质量方程和动量方程，来获得盘片流道中的压力和速度分布，并基于得到的流场参数，可计算出透平的总体气动性能，如扭矩、功率和效率等。

自 20 世纪中期开始，大量的研究集中于采用理论分析方法获得盘片流道中的流动情况[60-92]，主要采用以下几种方法：①宏观参数分析法（Bulk - parameter analysis）；②截断替换法（Truncated series substitution methods）；③积分法（Integral methods）；④有限差分法（Finite difference solutions）。

亚利桑那州立大学的 Rice 研究团队[63-71]在 20 世纪六七十年代针对盘式透平盘片流道内部流动开展了大量的理论分析和试验研究，特别是理论分析。Rice[66]从工质微团受力分析开始，采用摩擦系数表征工质所受黏性剪切力，通过牛顿第二定律建立了盘片流道中的流动微分方程。Matsch 等[63]通过量级分析(盘片间隙远小于盘片外径)和合理假设(流动周向均匀)简化了 N – S(Navier – Stokes)方程,针对完全发展流动将控制方程改写为无量纲参数,并采用截断误差法求解控制方程,得到了盘片流道中层流不可压完全发展流动的解。基于上述简化后的无量纲流动控制方程,Boyd 等[64]采用微分方法求解了针对轮盘全周进气的盘片流道内部流动。Boyack 等[65]则采用积分方法求解了该无量纲流动控制方程,并开发了求解程序,分析结果与 Boyd 等[64]的理论分析结果及试验结果[72]基本一致。Lawn 等[67,68]修改了 Boyack 等[65]的理论模型计算程序,将雷诺数、切向速度和径向速度作为输入参数,并将适用于单通道盘式透平的理论分析模型推广至多通道透平。该研究中第一次总结了透平损失,结果表明喷嘴效率、喷嘴与轮盘之间的相互干涉、轮盘与壳体间的摩擦、轴承损失、泄漏损失及排气通道中的压损均会降低透平轴功。Truman 等[71]采用量级分析法建立了盘式透平轮盘内部含固体颗粒多相流流动的微分形式控制方程,然后对其进行线性化处理,并从透平进口开始采用高斯消去法求解。此外,Crawford[73]提高了 Boyack 等[65]的理论分析方法在求解全周进气盘片流道内部流动的能力,校验了进口区域结果的正确性,并通过改进求解程序缩短了计算时间。

Beans[74,75]推导了一种针对盘片流道中层流不可压稳态流动的理论分析模型,采用了动量方程的微分形式,忽略了 N – S 方程中的重力、惯性力、轴向速度,以及所有参数关于周向的导数。研究中提出了一种针对层流不可压流动周向动量方程的部分封闭解的求解方法。为了推导出透平的气动性能,提出了速度沿轴向为抛物线分布的假设。针对盘片流道中的湍流流动,只需改变速度分布形式即可求解盘片流道中的流动。

Basset[81]采用积分方法求解了轮盘全周进气盘式透平轮盘内部流动的控制方程,盘片间隙内的流动为三维层流可压缩流动。通过简化连续方程和动量方程,并采用与文献[65]中相同的方法进行求解。

Allen[86]提出了针对盘式透平盘片流道内部层流流动的理论分析模型,为了简化控制方程,做出如下假设:不可压、抛物线形速度分布、轴向速度为 0 并忽略重力。该分析模型考虑了科氏力、离心力和黏性力,并采用 5 阶龙格 – 库塔方法同时求解偏微分方程组。通过对控制方程从盘片内径到盘片外径进行积分以求解得到透平内部流场和气动性能参数。Carey[47]指出,由于该理论分析模型采用后退求解方法,因此其预测的透平气动性能的变化规律难以解释。

Couto 等[87]提出了一种基于计算层流或湍流边界层厚度，可简单根据流动条件预测所需盘片个数的方法。但该方法有很多假设和简化，且没有试验或者数值结果进行验证，因此该方法的使用受到了很大的限制。

Deam 等[28]建立了一种盘式透平盘片流道内部不可压流动的一维分析模型，主要用于预测盘式透平的最高理论效率。结果表明，在轮盘直径小于 7mm 时，盘式透平的效率高于常规透平。文献[44]中指出该方法的结果主要依靠这一假设，即轮盘进出口速度相等。若出口速度小于进口速度，那么盘式透平的最高效率应更高一些。

Carey[47]提出了一种盘式透平盘片流道内部流动的一维分析模型，假设盘片间隙中的流动为层流稳态不可压流动。该模型忽略了径向和轴向的黏性摩擦力项，轴向摩擦力项用体积力代替，即借助摩擦系数来表征轴向摩擦力项，因此关于切向速度的偏微分方程变为常微分方程，可求得其解析解。通过与之前的试验结果进行对比，该模型结果与之符合良好，表明了该模型的可行性。Carey[89]进一步校验了同研究团队[34,47]提出的理论分析模型，指出该理论分析模型与Rice[66]的试验结果符合良好，且可用于预测透平的气动性能。

Krishnan 等[38]研究了盘式透平微型化时的尺度特性和损失机理，并对盘式透平微型化至毫米级提出一些建议，其主要针对盘片直径小于 60mm 的水力微型盘式透平。该理论分析模型基于文献[34]中的积分模型，添加了相应的损失模型。研究了压头损失和轴功损失，并推导了透平设计的限制条件。研究中还分析了微型化对透平效率和能量密度的影响。根据研究需要，将本研究中所考虑的损失分为两类：一类是压头损失，表示为流量的函数；另一类是轴功损失，表示为轴功的函数。压头损失主要有喷嘴中的摩擦损失、轮盘中的压降、透平出口的余速损失、泄漏损失及盘片外缘处的冲击损失等。轴功损失是指盘片与外壳间及圆柱壳与盘片外缘间的摩擦损失。该研究表明，盘式透平的损失与气动参数及几何参数密切相关，包含轮盘外径、半径比、盘片间隙、盘片厚度、盘片数、动静间隙、轮盘与壳体间隙及喷嘴结构等。该模型预测的效率与试验结果[35,36]吻合良好。

印度理工学院 Guha 研究团队对盘式透平进行了大量的理论分析研究。Sengupta 等[37]提出了一种盘式透平轮盘内部流动的理论分析模型。该模型首先对柱坐标系下的 N-S 方程借助量级分析法进行简化，并经合理假设(牛顿流体、稳态、不可压、层流、轴对称流动、充分发展、抛物线形速度分布、忽略轴向速度和体积力)将偏微分方程转化为常微分方程,从而得到解析解。该理论分析模型可以预测盘片流道内的流场、透平扭矩、功率和效率。此外,对比了该理论分析结果与文献[55]中的试验结果,考虑试验结果的不确定性,理论分析结果合理。该研究也提议可以人为改变盘片表面粗糙度来提高盘片拖曳力和轴功,这一想法在文献[34]中建立了相应的理论分析模型,并在文献[93,94]得到了试验验证,文献[94]是针对盘式泵盘片表面粗糙度的试验和数值研究。

同时,Guha 和 Sengupta[90]在上述理论分析模型的基础上,发展了一种守恒性控制方程组,使得方程组存在解析解,且方程组中的每一项都有一个清晰的物理解释。因此,可以研究和解释离心力、科氏力、惯性力及黏性力在产生扭矩和功率以及建立压力等方面的影响和作用,并可用于解释各种微小的流动细节。

此外,Guha 和 Sengupta[91]采用理论分析和数值模拟的方法研究了盘式透平盘片间隙中功传递的流体动力学。阐述了等效功原理,建立了两种不同方法确定的功传递量之间的关系式:一种方法是基于盘片表面产生的黏性剪切力;另一种是基于工质的角动量变化。研究指出在确定角动量变化时必须采用质量流量平均切向速度而不是面平均切向速度。提出了一种没有假设速度分布形式的理论分析方法,这种计算方法显示扭矩是由作用在盘片表面的剪切力及相对坐标系下的科氏力产生的。此外,引入了无量纲参数即扭矩潜力分数,表示实际转化的扭矩占进口扭矩潜力的比例。在任意半径位置,该值随着盘片间隙的减小而增加。数值计算结果表明,对于小盘片间隙,高切向速比,大部分工质角动量在轮盘进口区域传递给轮盘,相应的轮盘进口扭矩潜力分数也越高。若盘片间隙越大,角动量在径向方向上变化较均匀,扭矩潜力分数则随着半径的减小而逐渐增加。

Guha 和 Sengupta[39]推导了盘式透平和盘式压缩机的相似和微型化准则,采用白金汉 π 原理,系统分析了盘式旋转机械轮盘中的层流不可压流动的控制方程。借助以下几个无量纲参数:盘片半径比、长宽比(盘片间隙与盘片外径之比)、轮盘进口切向速度比、进口气流角、功率系数、压降系数、动力相似数,建立了几何、运动学及动力学的相似准则。数值验证了盘式透平的相似及微型化原理。但该微型化方法中未考虑喷嘴的微型化。

Song 等[53,54]在 Carey[47]的研究基础上,改进了摩擦系数的计算方法,并考虑了轮盘中介质压降,改进和完善了盘式透平的理论分析模型。最后将该模型应用到有机朗肯循环(ORC)系统中,预测了采用不同有机工质盘式透平的气动性能及系统的热力学性能,结果表明该 ORC 系统可以输出相当可观的净功率,验证了盘式透平在 ORC 系统中的可行性。

Manfrida 等[92]同样基于 Carey[47]的研究，改进了其理论分析模型。最大的改进是盘片流道中工质密度的处理方法，Carey[47]的研究中整个盘片流道中工质的密度是恒定不变的，而在该研究中密度随着当地温度和压力的变化而变化。

1.3.2 盘式透平的试验研究

自 20 世纪中期开始，研究者开展了盘式透平的相关试验，主要包括针对盘式透平总体气动性能和轮盘内部流场等方面的试验。下面分别针对盘式透平的这两种试验研究进行详细介绍。

1）总体气动性能试验研究

在盘式透平的试验研究中，针对总体气动性能的试验较多[35,45,55,63,74,75,95-103]，主要集中在 20 世纪 60 年代和 21 世纪初，下面针对具有代表性的试验研究进行详细介绍。

Beans[74,75]搭建了一个喷嘴进气盘式透平气动性能试验台并测量了相关性能参数，工质为压缩空气，但文献中关于试验测量方法、透平结构参数的描述不详细。图 1-6 所示为 Beans 试验中盘式透平模型的主视图和纵剖面图。试验中测量了透平进口总压分别为 1.68bar、2.36bar、3.04bar 和 3.73bar 时在不同转速下的气动性能参数。试验结果表明，透平的扭矩随着转速的升高线性下降，透平效

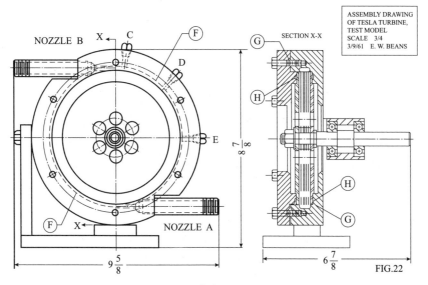

图 1-6　Beans[74]试验中的盘式透平

率与功率均随着转速的升高先增加后降低，质量流量略有降低。与文中的理论分析结果相比，试验的定性结果符合良好，但定量结果有差异。文中指出试验中碰到的最大机械问题为盘片振动，为解决这一问题在盘片靠近外缘处增加 3 个螺栓，每个盘片的螺栓孔间放置了薄塑料垫。

Rice[66]试制了 6 种不同结构的盘式透平，工质为压缩空气，搭建了透平气动性能试验台，并测量了透平的流量、转速、功率及效率等气动性能，但文献中未描述试验中采用的测量方法及装置。该透平试验中采用螺栓以保证正确的盘片间隙并防止盘片振动。在所测量的透平中，最高效率达到 35.5%。此外，研究中分析了除轮盘之外的能量损失，包含喷嘴损失、盘片外缘侧损失、最外侧两个盘片面上的损失、排气损失、密封和轴承损失，以及部分进气带来的损失。这些损失均可根据文献中的方法进行预估，若考虑以上损失，则理论分析模型可以近似预测透平的气动性能。此外，试验结果表明，盘式透平在小尺寸下具有较好的气动性能。

Lemma 等[55]试验并数值模拟了盘式透平的气动性能，该试验模型为蜗壳进气盘式透平。轮盘直径为 50mm，蜗壳直径为 100mm。扭矩测量采用涡流测功机，该扭矩为除去各种机械损失之后的转轴实际输出扭矩。此外，还可通过测量进出口气动参数获得透平功率，该功率中没有去除机械损失。若将两种测量方法得到的功率相减，可以得到机械损失，主要是轴承损失。试验结果中透平的最高效率为 25%，分析得知盘式透平效率低是由轴承损失、端壁摩擦损失及蜗壳中的其他耗散损失等引起的。通过设计合理的蜗壳型线可有效降低蜗壳损失。最后指出若能很好地降低这些损失，透平的理论绝热膨胀效率最高可达到 40% 左右。

Hoya 等[97]设计并搭建了一个可灵活改变的透平气动性能试验台（见图 1 - 7），并测量了透平的气动性能。提出并比较了几种盘式透平功率测量方法，最后采用角加速度法测量透平的扭矩及功率，该方法可以较有效地测量高转速下的小扭矩。试验中的一大测量难点是由于出口流动复杂，透平出口的总压和温度较难测量。试验测量了由 4 个外径为 92mm 的盘片组成的盘式透平气动性能。结果表明，喷嘴损失较大，若改变喷嘴结构可进一步提高透平效率。因此，同研究组 Guha 等[98]在该试验的基础上研究了盘式透平喷嘴内的流动。设计并试验测试了一种结合储气室型进口段的集成喷嘴。结果表明，这种新型喷嘴的总压损失明显小于原始喷嘴和进口段的损失。这种喷嘴结构可提高喷嘴出口射流的均匀性，为试验测量提供了便捷，同时还提高了各盘片流道进口流动的均匀性，进而可提高透平的总体效率。

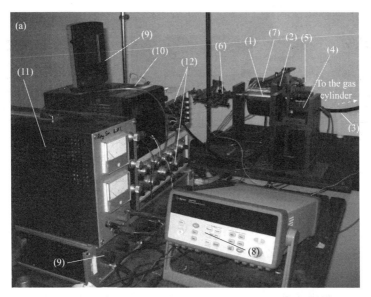

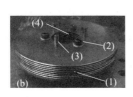  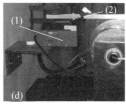

图1-7 Hoya 等设计搭建的盘式透平气动性能试验台

(a)试验台架总体图：(1)透平壳体；(2)底盘；(3)进气管；(4)涡流制动器；(5)光传感器；
(6)出口毕托管；(7)壳体取压口；(8)数据记录器；(9)气压表；(10)光学传感器的电源；
(11)电磁体的电源；(12)应变片放大器。
(b)轮盘局部图：(1)盘片；(2)螺栓；(3)定位销；(4)排气孔。
(c)壳体局部图：(1)壳体的端面；(2)喷嘴套；(3)出口。
(d)反作用扭矩的测量机理：(1)测力传感器；(2)反作用力臂

  Krishnan 等[35]设计并测试了一个微型低压头盘式透平气动性能，工质为水。试验中的微型透平采用快速成型方法进行加工制造，轮盘采用不锈钢材料，盘片直径分别为10mm 和20mm。测试了3 种不同轮盘结构和6 种喷嘴结构的透平气动性能。试验中采用角加速度法测量扭矩。结果表明：小流量下透平效率高，小半径比和大盘片间隙均使透平效率的最高值移向小流量。同研究团队的 Romanin 等[36]对比了该微型透平的理论分析、数值分析及试验的结果，研究中改进了文献[34]中推导的理论效率公式，预估了试验的不确定度约为12%。最终对比结果表明理论分析预测的性能趋势与试验结果符合良好。此外，考虑理论分析中没有考虑损失，尽管3 种方法的分析结果有差异，但整体来说符合良好。图1-8

所示为试验中试制的盘式透平轮盘。

图 1－8　Krishnan 等[35]试验中的微型盘式透平轮盘

左图：轮盘的各部件，如不锈钢盘片、轴、垫片、端盘片；
中图：20 倍显微镜下的 125μm 的盘片间隙及间隙的均匀性展示；右图：10mm 及 20mm 的轮盘

Borate 等[93]设计并试制了盘式透平气动性能试验台，工质为水。试验中的轮盘由 6 片 304 不锈钢盘片组成，盘片外径为 52mm，厚度为 2mm，动静径向间隙为 0.5mm，盘片间隙为 0.5 ~ 2.5mm 的 5 种。试验中采用 Prony break 测功机测量扭矩和功率。试验中测试了不同盘片间隙及盘片表面粗糙度下的透平气动性能。盘片表面分别为光滑和粗糙度为 $Ra500$，后者是在盘片表面加工螺旋槽。结果表明，盘片表面粗糙度和盘片间隙对透平的气动性能有显著影响。盘片间隙合适的透平，可以同时借助冲击作用和边界层效应做功。盘片表面有螺旋槽的透平其效率增加了 5% ~ 6%。

Okamoto 等[99]设计并搭建了盘式透平气动性能试验台，研究分析了轮盘进气（喷嘴出口）条件对盘式透平气动性能的影响。透平包含 2 个喷嘴，盘片外径为 80mm，内径为 27mm，盘片间隙为 0.25mm，轮盘由 8 个厚度为 0.5mm 的盘片或者 11 个厚度为 0.3mm 的盘片组成。借助无刷电机将轴功转化为电能，并用功率计来测量。结果表明，喷嘴出口气流角存在最佳值使得透平效率最高，在设计时应仔细选择。对于不同的喷嘴，切向速比有一个共同的最佳值，喷嘴开度角也有一个最佳值，若开度角很大则透平效率明显降低。盘片厚度越小，盘式透平效率越高。Ekman 数（与盘片间隙和转速相关，试验中改变的是转速）的最佳值约为 1.1。

Galindo 等[100]针对盘片间距和透平进口压力对 Tesla 透平气动性能的影响开展了数值和试验研究，结果表明，盘片间距和透平进口压力的最佳值分别为 0.9mm 和 103.89kPa。盘片外径为 11.25cm 和 15cm 的盘式透平，最高效率分别可达 33% 和 50%。

Renuke 等[103]研究了 Tesla 透平的各项损失机理，包括静子损失、动静间隙摩擦损失、断壁鼓风损失和泄漏损失。研究旨在区分每项损失对整体性能的影响，首次揭示了盘式透平气动性能较低的真实原因，结果表明，静子损失是影响盘式透平性能较低的主要因素，在设计中应仔细解决该问题。

2）内部流场试验研究

针对盘式透平内部流场的试验相对总体气动性能的试验较少，这是因为盘片间隙很小，给盘片流道内部流动的测量带来了很大的困难。若能准确测量到盘片间隙内部的流动并确定其流态，就可验证理论预测结果和数值计算结果的准确性，也可较准确地确定盘片壁面剪切力从而得到盘式透平准确的性能图。下面将对部分重要试验研究进行阐述。

20世纪90年代，随着现代流动测试技术的发展及普及，Zhou等[104]利用PIV（粒子成像测速）技术试验研究了将一个独立盘片放置于圆柱形腔室内形成的流场，并对其进行了CFD数值计算以对比结果。盘片外径为80mm，盘片与环形腔室表面的间隙（动静径向间隙）为0.125mm。试验测量了2种不同盘片间隙轮盘中的流场，并与之前的数值和试验研究结果[76,105]进行直接对比。气流中包含0.5~2μm的示踪粒子，用厚度为0.2mm的激光照射，激光平行于盘片，照相机垂直于盘片安装。每个透平测量了7层流道截面的流场，每层有4300个速度矢量点。PIV的试验结果与CFD结果一致，也和文献[76，105]的结果符合良好。

Hirata等[106]采用PIV技术针对2个旋转盘片中间的流动进行试验测量。盘片外径为306mm，内径为68mm，盘片间隙分别为18.36mm和30.6mm，工质为水，试验的转速分别为5r/min和40r/min。Tsai等[107]采用LDV（激光多普勒测速仪）和PIV技术测量了2个旋转盘片间隙内的流动。试验中的盘片间隙为16.9mm，盘片外径为37561mm，典型流速为1.5m/s。

Schosser等[108,109]设计搭建了采用三维层析成像PIV/PTV（粒子跟踪测速）技术测量盘式透平盘片间隙内部流动试验台。盘片外径为125mm，内径为30mm，盘片间隙分别为0.2mm、0.5mm和1mm，采用多个导向叶片以使盘片流道进口流动更均匀。主要的试验部件及测试装置如图1-9所示。在盘片上有2个较大的有机玻璃观察口，PIV相机安装在壳体有机玻璃的外侧，激光通过安装在盘片中间位置且旋转的镜子进行反射之后射入盘片间隙内部，从而测量盘片间隙内的流动。

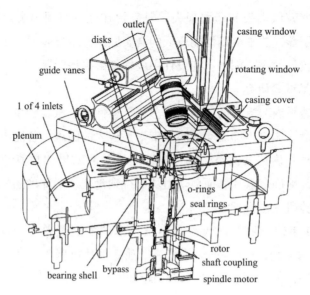

图 1-9　Schosser 等[108]试验中的主要部件及测试装置

1.3.3　盘式透平的数值分析

从 21 世纪初，随着计算机技术的迅猛发展，计算流体动力学得到了飞速发展，商用 CFD 软件计算愈加成熟并得到了广泛推广和普及。研究者开始借助数值分析方法对盘式透平内部流动开展相关研究[40,50,92,93,104,110-119]。下面介绍部分重要的数值分析研究。

Ladino[110,111]于 2004 年针对 Rice[66]试验中的一个盘式透平模型数值研究了透平内部流动。由于当时计算机水平的限制，计算中对该模型进行了 3 种不同的简化，包括二维单通道模型、二维多通道模型，以及三维单通道模型。借助商用 CFD 软件 Fluent 数值计算了不可压稳态层流和湍流流动，数值计算中采用 $k-\varepsilon$ 湍流模型，工质为压缩空气。文中分析了透平速度、压力和流线分布，以及透平效率。结果表明，轮盘进口气流角显著影响透平效率，气流角越小透平扭矩越高。三维模型计算的结果表明，喷嘴中的能量损失不太高。

Hidema 等[112]借助 Fluent 软件数值计算了均匀进口和非均匀进口的透平模型，分析了盘式透平轮盘进口条件及流量系数对其气动性能的影响。盘片外径为 80mm，内径为 27mm，间隙为 0.25mm，转速为 35800r/min，计算模型中不包含静止域。均匀进口的计算结果表明，流量系数是影响透平效率的主要因素，随着流量系数的增加透平效率减小。非均匀进口的研究结果表明，流量系数仍是影响透平效率的主要参数，进口非均匀性降低了透平效率。Okamoto 等[113]数值计算了与 Hidema 等[112]研究中轮盘结构相同的完整透平模型，以研究透平进口和出口的设计。结果表明，流量系数越小透平效率越高，改进和优化了盘式透平的出口以降低之前设计中的回流。

Lampart 等[40,50]借助 Fluent 软件数值模拟了用于 ORC 系统的盘式透平。计算模型有两种：一种是简化的单通道盘式透平，出口为径向排气；另一种是多通道透平的完整模型，出口为轴向排气，但不包含排气管道。流动模型采用 SST $k-\omega$ 湍流模型。分别计算了盘片外径为 100mm、内径为 40mm 和盘片外径为 300mm、内径为 120mm 的两种轮盘结构，盘片数均为 11 个。计算中由于结构的轴向对称性将其简化为整个模型的 1/2。数值分析了不同喷嘴数、转速、流量和轮盘进口气流角对透平气动性能及流动特性的影响。结果表明，这些参数均对透平的气动性能有很大影响。简化模型的计算结果表明，4 个喷嘴的透平效率最高，小轮盘进口气流角，小盘片外径和高转速下的透平效率较高。整体透平模型的效率远低于简化模型的效率。计算中透平效率最高为 50%，与常规透平相比具有竞争力。Lakshman 等[114]在该研究基础上数值研究了盘片外径为 100mm，盘片间隙为 0.25~1mm，喷嘴数为 1、2 和 4 的盘式透平内部流动，4 个喷嘴的盘式透平获得了最高功率和效率，与 Lampart 等[40,50]的结果一致。

Siddiqui 等[115]借助 Fluent 软件数值计算了文献[66]中的盘式透平模型。分别计算了层流和湍流流态下的流动，湍流模型采用 $k-\varepsilon$ 模型。在层流计算中，靠近轮盘出口区域径向速度出现拐点，速度轴向分布呈 W 形，但湍流计算中未出现。文中指出这是因为流动处于转捩区域，因此很难获得较合理的结果。

Guha 等[117]借助 Fluent 软件对盘片流道内的流动进行了系统详细的研究，将透平设计中涉及的参数分为输入参数和输出参数两类，并对其进行无量纲化。输入参数有半径比、长宽比、进口切向速度比、进口气流角和动力相似数 5 个，输出参数有功率系数和压降系数 2 个。数值计算中将轮盘中的三维流动简化为轴向和径向平面内的二维流动。数值分析结果表明，摩擦力在盘式透平中具有双重作用：①不利的方面，增加径向压降从而降低效率；②有利的方面，盘式透平做功的唯一途径。结果表明，通过设计可以很好地平衡摩擦力的双重作用。

Sengupta 等[119]借助 CFX 软件求解了盘式透平中的三维稳态层流亚声速流动的控制方程，数值分析了喷嘴数、转速、动静径向间隙及盘片厚度对透平流动特性与气动性能的影响。在该研究中，将完整的盘式透平简化为只有盘片流道和动静环形腔室且不含喷嘴的计算域。流场的分析结果表明：喷嘴数和动静径向间隙的增加均能提高轮盘进口的均匀性，转速显著影响径向速度沿轴向的分布。在设计高效率盘式透平时，推荐使用厚度小，盘片外缘为钝头的盘片，动静径向间隙的大小应当合适，且尽可能让轮盘进口轴对称。但该研究中未包含喷嘴，讨论的也是轮盘效率，未考虑以上影响参数对喷嘴流动的影响。

从以上的研究进展来看，喷嘴进气盘式透平是目前盘式透平的研究热点，虽然国内外学者针对盘式透平的气动性能、流动特性、理论分析等方面开展了大量研究，但关于盘式透平仍然有诸多关键问题未解决，如理论分析中不考虑动静腔室、盘片厚度等影响，数值分析未对各影响因素开展全面系统的研究等。综上所述，关于盘式透平的研究仍很不完整，盘式透平的内部流动机理仍不清晰，且没有一套较完整的盘式透平设计方法。因此，仍需对盘式透平开展更加全面系统深入的研究工作。

1.4　盘式增压设备研究现状

相较于盘式透平，关于盘式增压设备的相关研究很少。针对盘式增压设备的研究主要集中在两个方面：一方面是研究相邻盘片间隙中的流动机理；另一方面是关注完整增压设备的总体性能，包括多个圆盘组成的轮盘，吸气管、扩压器及蜗壳等静止部件。

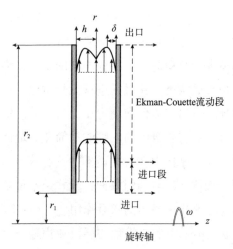

图 1 – 10　相邻共旋盘片间隙内
离心流动的示意[57]

针对盘式增压设备的内部流动机理，在 20 世纪中期，研究者采用理论分析的方法进行了相关研究[64,65,77,120,121]。Crawdord 等[120]研究表明，若相邻圆盘中的流动是层流，则盘式增压设备能获得较好的性能。相邻盘片间隙内的流动有两个区域：一个是进口区域，另一个是 Ekman – Couette 区域[122]，如图 1 – 10 所示。进口段靠近轮盘内侧，在此区域内流体的边界层还未发展完全，其流场分布很难预测；Ekman – Couette 区域的流体速度分布取决于 Ekman 数，该参数只与动力黏性系数、轮盘角速度和盘片间隙有关，且结果表明，Ekman 数有最佳值约为 1.1，使得盘式增压设备的性能最优[122]。

Hasinger 等[123]针对盘式泵的气动性能开展了研究，着重关注盘式泵的轮盘性能，通过测量轮盘出口处的参数以评价轮盘性能，并获得性能曲线图谱。结果表明：实验的所有工况中轮盘效率的最高值约为 55%，低于该文献中的理论分析结果。Rice[121]对盘式泵和盘式压缩机的气动性能均进行了研究，通过改变排出压力来测量各工况下的流量及效率。结果表明，对于整个盘式泵，在所有运行工况下及转速条件下，其峰值效率仅为 21%，远低于其理论分析峰值。

Wang 等[56]为进一步分析盘式泵气动效率的实验值远低于理论分析值的机理，采用数值仿真和试验研究相结合的研究方法以阐明盘式泵的能量损失机理。结果表明，扩压器中的强回流以及小流量下盘片间隙内的回流是导致泵效率试验结果与理论分析结果相差较大的主要原因。基于此，Wang 等[57]进一步对其扩压器进行了优化设计研究，结果表明，采用旋转收敛式扩压器的盘式增压设备可以获得最佳的效率和压比。此外，也可通过在盘片表面刻螺旋形槽的方式提高其气动性能[94]。

综上，针对盘式泵和盘式压缩研究主要集中与相邻盘片间隙内的流动机理，以及增压设备整体的气动性能研究。因相关研究较少，针对其各宏观参数的影响规律及相应的影响机理，增压设备的设计方法等均为有相关研究。针对盘式增压设备的研究还很不完善，需开展大量的相关研究。

1.5　本章小结

盘式流体机械是一种非常规无叶流体机械，包括盘式透平、盘式压缩机和盘式泵。流体高速流经其数个圆盘形成的狭小缝隙时，依靠流体黏性实现工质热能与机械能的转换。由于其独特的结构和工作原理，可以有效解决常规叶轮式流体机械在微型化时出现的轴系转速飞升和流动效率骤降这两大难题。从本章的文献调研来看，盘式流体机械的相关研究存在内部流动机理不明确，影响参数对气动特性的影响机制不清晰且没有相应的设计方法等问题。本书主要对盘式透平各影响参数的影响规律及机制进行研究，揭示其内部流动机理，并对其设计方法和微型化方法进行研究，为盘式透平的研发和应用提供理论依据。

第2章 盘式透平设计方法研究

对于给定的设计参数，如何获得一个高效率的盘式透平，是其设计的主要目的。盘式透平是一种非常规无叶透平，常规有叶透平的设计方法已不再适用，因此有必要提出一套考虑气动性能及结构强度的盘式透平综合设计方法。影响盘式透平气动性能的参数较多，且各参数之间相互影响，此外，部分参数还受到强度和加工制造的限制，因此在设计时保证每个参数都在其最佳值附近是很难实现的。

本章首先针对前人理论分析模型中的盘式透平等熵效率进行了敏感性分析，获得了各参数的敏感性序列，在设计时首先保证最敏感因子在其最佳值附近。其次推导了更加完善的理论分析模型，特别考虑了轮盘中介质压降及速度轴向分布，能更好地预测盘片流道中的流动及透平气动性能。最后基于敏感性分析结果及推导的理论分析模型提出了盘式透平的总体设计原则及具体设计方法，并设计得到了一典型结构的盘式透平。

2.1 Carey 理论分析模型及敏感性分析

Carey[47] 提出了一种盘式透平一维理论分析模型，该模型假设盘式透平盘片间隙中的流动为三维黏性稳态不可压层流流动。柱坐标系下的 N – S 控制方程如下：

连续方程：

$$\frac{1}{r} \frac{\partial (rv_r)}{\partial r} + \frac{1}{r} \frac{\partial v_\theta}{\partial \theta} + \frac{\partial v_z}{\partial z} = 0 \qquad (2-1)$$

动量方程：

$$v_r \frac{\partial v_r}{\partial r} + \frac{v_\theta}{r} \frac{\partial v_r}{\partial \theta} + v_z \frac{\partial v_r}{\partial z} - \frac{v_\theta^2}{r}$$

$$= -\frac{1}{\rho}\left(\frac{\partial p}{\partial r}\right) + \nu\left\{\frac{1}{r}\frac{\partial}{\partial r}\left(r\frac{\partial v_r}{\partial r}\right) + \frac{1}{r^2}\frac{\partial^2 v_r}{\partial \theta^2} + \frac{\partial^2 v_r}{\partial z^2} - \frac{v_r}{r^2} - \frac{2}{r^2}\frac{\partial v_\theta}{\partial \theta}\right\} + f_r \qquad (2-2)$$

$$v_r \frac{\partial v_\theta}{\partial r} + \frac{v_\theta}{r} \frac{\partial v_\theta}{\partial \theta} + v_z \frac{\partial v_\theta}{\partial z} + \frac{v_\theta v_r}{r}$$

$$= -\frac{1}{\rho r}\left(\frac{\partial p}{\partial \theta}\right) + \nu\left\{\frac{1}{r}\frac{\partial}{\partial r}\left(r\frac{\partial v_\theta}{\partial r}\right) + \frac{1}{r^2}\frac{\partial^2 v_\theta}{\partial \theta^2} + \frac{\partial^2 v_\theta}{\partial z^2} - \frac{v_\theta}{r^2} - \frac{2}{r^2}\frac{\partial v_r}{\partial \theta}\right\} + f_\theta \qquad (2-3)$$

$$v_r \frac{\partial v_z}{\partial r} + \frac{v_\theta}{r} \frac{\partial v_z}{\partial \theta} + v_z \frac{\partial v_z}{\partial z} = -\frac{1}{\rho}\left(\frac{\partial p}{\partial z}\right) + \nu\left\{\frac{1}{r}\frac{\partial}{\partial r}\left(r\frac{\partial v_z}{\partial r}\right) + \frac{1}{r^2}\frac{\partial^2 v_z}{\partial \theta^2} + \frac{\partial^2 v_z}{\partial z^2}\right\} + f_z \quad (2-4)$$

为简化控制方程，对盘片间隙中的流动做以下假设：

（1）盘片间隙中的流动是稳态不可压缩层流流动；

（2）盘片间隙内流动为二维流动：$v_z = 0$，v_r 和 v_θ 在轴向上被视作常数；

（3）v_r 和 v_θ 的流场认为是无黏的，用体积力代替壁面剪切效应。作用于流道壁面上的黏性摩擦力用每个流场位置处的体积力代替；

（4）流场轴向对称，工质在轮盘进口处的流动是均匀的，故整个流场在任意的 θ 角度都是相同的。因此，各项流场参数关于 θ 的导数都是 0；

（5）相对于角动量和壁面摩擦效应，忽略工质径向压力梯度。

基于上述假设，上面的四个控制方程可以简化为：

$$\frac{1}{r}\frac{\partial(rv_r)}{\partial r} = 0 \qquad (2-5)$$

$$v_r \frac{\partial v_r}{\partial r} - \frac{v_\theta^2}{r} = f_\theta \qquad (2-6)$$

$$v_r \frac{\partial v_\theta}{\partial r} + \frac{v_r v_\theta}{r} = f_r \qquad (2-7)$$

$$0 = -\frac{1}{\rho}\left(\frac{\partial p}{\partial z}\right) \qquad (2-8)$$

将式（2-5）积分，可以得到 $rv_r = \text{constant}$，根据连续方程可得 $-2\pi rbv_r\rho = m$，其中，m 为盘片间隙中的质量流量，负号表示径向速度沿径向的负方向，即半径减小的方向。因此，

$$v_r = -\frac{m}{2\pi rb\rho} \qquad (2-9)$$

描述角动量的控制方程式（2-7）是最重要的。对于一个盘片流道中的流体

单元 V_e 来说，θ 方向的壁面摩擦力 F_θ 可以表示为：

$$F_\theta = \tau_w A_w = 4\tau_w V_e/D_H \qquad (2-10)$$

式中，τ_w 为壁面剪切应力；$D_H = 4V_e/A_w$ 为盘片流道的当量水力直径。对于平行的平板流道，$D_H = 2b$。采用一维流动分析，壁面剪切力可以用阻力系数来表示。

$$\tau_w = f\frac{\rho \hat{v}_\theta^{\ 2}}{2} \qquad (2-11)$$

式中，$\hat{v}_\theta$ 为工质相对切向速度。

对于平行盘片流道中的层流流动：

$$f = \frac{24}{Re_c}, \quad Re_c = \frac{\rho \hat{v}_\theta D_H}{\mu} \qquad (2-12)$$

综合以上各式，经一系列公式推导后，可以得到盘式透平的等熵效率，具体表达式如下：

$$\eta_i = \frac{\left[(\hat{W}_{o,d}+1)-(\hat{W}_{i,d}+\xi_{i,d})\xi_{i,d}\right](\gamma-1)M_{o,d}^2}{\left[1-\left(\dfrac{p_{i,d}}{p_{nt}}\right)^{\frac{\gamma-1}{\gamma}}\right]} \qquad (2-13)$$

式中，$\hat{W}_{i,d}$ 可表示为：

$$\hat{W}_{i,d} = \frac{e^{24\xi_{i,d}^2/Re_m^*}}{\xi_{i,d}}\left[\frac{Re_m^*}{24}e^{-24\xi_{i,d}^2/Re_m^*}+\left(\hat{W}_{o,d}-\frac{Re_m^*}{24}\right)e^{-24/Re_m^*}\right]$$

因此，等熵效率可以表示为 6 个无量纲参数的函数，即：

$$\eta_i = \eta_i(\xi_{i,d}, \ M_{o,d}, \ \hat{W}_{o,d}, \ Re_m^*, \ \gamma, \ p_{i,d}/p_{nt}) \qquad (2-14)$$

式中，$\xi_{i,d}$ 为盘片半径比，即盘片内外径之比，$\xi_{i,d} = r_{i,d}/r_{o,d}$；$M_{o,d}$ 为轮盘进口马赫数，定义为 $M_{o,d} = U_{o,d}/\sqrt{\gamma RT_{nt}}$，其中，$U_{o,d} = \omega r_{o,d}$，$\hat{W}_{o,d}$ 为轮盘进口无量纲切向速度差，且 $\hat{W}_{o,d} = (v_{\theta,o,d}-U_{o,d})/U_{o,d}$；$Re_m^*$ 表征修正雷诺数，其定义为 $Re_m^* = D_H m/\pi\mu r_{o,d}^2$，其中 $D_H = 2b$；γ 为工质绝热指数，对于空气，$\gamma = 1.4$；$p_{i,d}/p_{nt}$ 为透平压比，即透平出口静压与进口总压之比。

在该理论分析模型中，忽略了轮盘中压降，即透平中的压降全部发生在喷嘴中，这与透平中的实际流动不相符，尤其在高转速下。该模型将盘式透平的等熵效率简化为 6 个无量纲参数的函数，这 6 个参数之间存在相互制约关系，在盘式透平设计时，不能保证所有参数在其最佳值附近。因此，对盘式透平等熵效率进行敏感性分析，从而得到其最敏感因子，在盘式透平设计时首先保证其取最佳值或在最佳范围内，这为盘式透平的设计提供了指导性的意见。

敏感性分析是指基于波扰动传播机理，推导等熵效率对各参数的偏导数并乘以各参数的变化范围，从而可以得到各参数的敏感性因子。根据式(2-13)求得等熵效率对各参数的偏导数如式(2-15)~式(2-20)所示。

$$\frac{\partial \eta_i}{\partial M_{o,d}} = \frac{2\eta_i}{M_{o,d}} \tag{2-15}$$

$$\frac{\partial \eta_i}{\partial \hat{W}_{o,d}} = \frac{(\gamma-1)M_{o,d}^2}{1-(p_{i,d}/p_{nt})^{(\gamma-1)/\gamma}} \cdot \left[1-e^{24(\xi_{i,d}^2-1)/Re_m^*}\right] \tag{2-16}$$

$$\frac{\partial \eta_i}{\partial (p_{i,d}/p_{nt})} = \frac{(\gamma-1)}{\gamma} \cdot \eta_i \cdot \frac{1}{(p_{i,d}/p_{nt})^{(1/\gamma)} - p_{i,d}/p_{nt}} \tag{2-17}$$

$$\frac{\partial \eta_i}{\partial Re_m^*} = \frac{(\gamma-1)M_{o,d}^2}{1-(p_{i,d}/p_{nt})^{(\gamma-1)/\gamma}} \times$$

$$\left\{ \left[\frac{(24\hat{W}_{o,d}-Re_m^*)(\xi_{i,d}^2-1)}{(Re_m^*)^2} + \frac{1}{24} \right] e^{24(\xi_{i,d}^2-1)/Re_m^*} - \frac{1}{24} \right\} \tag{2-18}$$

$$\frac{\partial \eta_i}{\partial \xi_{i,d}} = \frac{(\gamma-1)M_{o,d}^2}{1-(p_{i,d}/p_{nt})^{(\gamma-1)/\gamma}} \times$$

$$\left\{ \frac{Re_m^*}{24\xi_{i,d}} + \left[\frac{24\hat{W}_{o,d}-Re_m^*}{24\xi_{i,d}} - \frac{2\xi_{i,d}(24\hat{W}_{o,d}-Re_m^*)}{Re_m^*} \right] e^{24(\xi_{i,d}^2-1)/Re_m^*} - (\hat{W}_{i,d}+2\xi_{i,d}) \right\} \tag{2-19}$$

$$\frac{\partial \eta_i}{\partial \gamma} = \frac{\eta_i}{\gamma-1} + \frac{\eta_i}{(p_{i,d}/p_{nt})^{-(\gamma-1)/\gamma}-1} \cdot \frac{1}{\gamma^2} \cdot \ln\left(\frac{p_{i,d}}{p_{nt}}\right) \tag{2-20}$$

对于工质为空气的盘式透平，其绝热指数为1.4，典型盘式透平的各参数取值如下：$M_{o,d}=0.5$，$\hat{W}_{o,d}=1$，$Re_m^*=10$，$\xi_i=0.3$，$p_{i,d}/p_{nt}=0.3$。计算各参数绝对变化值为典型工况下的5%时各参数的敏感性因子如下：

$$\left| \frac{\partial \eta_i}{\partial M_{o,d}} \Delta M_{o,d} \right| = 4.905 \times 10^{-2} \tag{2-21}$$

$$\left| \frac{\partial \eta_i}{\partial \hat{W}_{o,d}} \Delta \hat{W}_{o,d} \right| = 1.524 \times 10^{-2} \tag{2-22}$$

$$\left| \frac{\partial \eta_i}{\partial (p_{i,d}/p_{nt})} \delta(p_{i,d}/p_{nt}) \right| = 1.707 \times 10^{-2} \tag{2-23}$$

$$\left| \frac{\partial \eta_i}{\partial Re_m^*} \Delta Re_m^* \right| = 8.816 \times 10^{-3} \tag{2-24}$$

$$\left| \frac{\partial \eta_i}{\partial \xi_{i,d}} \Delta \xi_{i,d} \right| = 3.579 \times 10^{-3} \tag{2-25}$$

$$\left| \frac{\partial \eta_i}{\partial \gamma} \delta \gamma \right| = 3.447 \times 10^{-2} \qquad (2-26)$$

从敏感性分析的结果可知，轮盘进口马赫数是影响盘式透平等熵效率的最敏感因子，其后依次是工质绝热指数、透平压比、轮盘进口无量纲切向速度差、修正雷诺数以及盘片半径比。因此，在盘式透平设计时应首先保证轮盘进口马赫数处于其最佳值附近，根据定义式可知，其与透平进口总温及盘片进口圆周速度有关，对于盘式透平的设计，通常给定进口总温，因此转速和盘片外径是影响轮盘进口马赫数的主要参数。

2.2 盘式透平内部流动理论分析模型

在进行敏感性分析之后，发展了一种考虑轮盘中介质压降和速度轴向分布的盘式透平理论分析模型。与 Carey[47] 的理论分析模型相同，盘片间隙流道中的柱坐标系下层流不可压缩黏性流动控制方程如式(2-1)~式(2-4)所示。

为简化 N-S 方程组，针对盘式透平盘片间隙内的流动做如下的合理假设：

(1)盘片流道中工质物性恒定不变；

(2)与切向速度和径向速度相比，轴向速度可以忽略，即 $v_z = 0$；

(3)盘片间隙 b 较小，且边界层流动主导了整个盘片间隙流道中的流动，v_r 和 v_θ 沿轴向的分布假设为抛物线分布，且其径向梯度远小于轴向梯度；

(4)盘片间隙流道中的流场轴向对称，且在轮盘进口处流动恒定，故整个流场在任意的 θ 位置处相同。因此，流动的各项参数关于 θ 的导数均为 0；

(5)忽略体积力。

综上可以看出，盘片流道中的径向速度和切向速度沿周向恒定不变，在轴向上呈抛物线状分布。与 Carey[47] 提出的模型相比，本书发展的新模型基本类似，也是一种一维流动分析模型。最大的区别是在一些物理量的处理方式上有所不同，尤其是径向压力梯度。有了以上假设之后，N-S 方程组可以简化为如下形式：

$$\frac{1}{r} \frac{\partial (r v_r)}{\partial r} = 0 \qquad (2-27)$$

$$v_r \frac{\partial v_r}{\partial r} - \frac{v_\theta^2}{r} = -\frac{1}{\rho} \frac{\partial p}{\partial r} + \nu \frac{\partial^2 v_r}{\partial z^2} \qquad (2-28)$$

$$v_r \frac{\partial v_\theta}{\partial r} + \frac{v_r v_\theta}{r} = \nu \frac{\partial^2 v_\theta}{\partial z^2} \tag{2-29}$$

$$0 = -\frac{1}{\rho}\left(\frac{\partial p}{\partial z}\right) \tag{2-30}$$

式(2-30)表明压力沿轴向不变，不需再求解。因此压力与周向和轴向均无关，是径向坐标的函数。在上述 N-S 方程中，所有的速度均为绝对速度，绝对速度与相对速度的关系为 $v_r = V_r$，$v_\theta = V_\theta + \omega r$，$v_z = V_z$，其中 v 为绝对速度，V 为相对速度，ω 为旋转角速度。将相对速度代入式(2-27)~式(2-29)中可得：

$$\frac{1}{r} \frac{\partial(rV_r)}{\partial r} = 0 \tag{2-31}$$

$$V_r \frac{\partial V_r}{\partial r} - \frac{V_\theta^2}{r} - \omega^2 r - 2\omega V_\theta = -\frac{1}{\rho} \frac{dp}{dr} + \nu \frac{\partial^2 V_r}{\partial z^2} \tag{2-32}$$

$$V_r \frac{\partial V_\theta}{\partial r} + \frac{V_r V_\theta}{r} + 2\omega V_r = \nu \frac{\partial^2 V_\theta}{\partial z^2} \tag{2-33}$$

本书理论模型中，假设径向速度和切向速度均沿轴向呈抛物线分布，根据盘片壁面的无滑移边界条件，即在 $z = 0$ 和 $z = b$ 时，径向速度和相对切向速度均为 0，各绝对速度与相对速度的关系如式(2-34)所示。

$$v_r = V_r = g(z)\overline{V}_r, \quad v_\theta = V_\theta + \omega r = g(z)\overline{V}_\theta + \omega r \tag{2-34}$$

式中，$g(z) = 6\left(\frac{z}{b} - \frac{z^2}{b^2}\right)$，$\overline{V}_\theta$ 和 $\overline{V}_r$ 分别为切向速度与径向速度沿轴向的平均值，均仅是关于径向坐标的函数。综上，只需求解 $\overline{V}_\theta$ 和 $\overline{V}_r$，即可得到工质在流场中的分布。

式(2-31)与式(2-5)相同，积分之后可以得到平均径向速度 $\overline{V}_r$ 的分布，此时可以得知整个流场中径向速度的分布，平均径向速度如下：

$$\overline{V}_r = -\frac{m}{2\pi r b \rho} \tag{2-35}$$

将式(2-34)代入式(2-32)中整理后可得：

$$\overline{V}_r \frac{d\overline{V}_r}{dr}g^2(z) - \frac{\overline{V}_\theta^2}{r}g^2(z) - \omega^2 r - 2\omega\overline{V}_\theta g(z) = -\frac{1}{\rho} \frac{dp}{dr} - \frac{12\nu\overline{V}_r}{b^2} \tag{2-36}$$

对式(2-36)在区间 $[0, 0.5b]$ 上求关于 z 的积分，整理后可得：

$$\frac{dp}{dr} = \frac{6}{5}\rho\left(\frac{\overline{V}_\theta^2}{r} + \frac{\overline{V}_r^2}{r}\right) + \rho\omega^2 r + 2\rho\omega\overline{V}_\theta - \frac{12\mu\overline{V}_r}{b^2} \tag{2-37}$$

式(2-37)中的平均径向速度已知，而平均相对切向速度未知，若该值可以得到，则可通过积分式(2-37)得到压力在盘片间隙中的分布，从而得到整个轮盘上的压降。

式(2-33)是周向动量守恒方程，该式的处理与 Carey 研究中的处理大有不同，在 Carey 的研究中，假设切向速度沿轴向恒定，而摩擦力的影响则是用体积力代替。在本研究中，假设盘间隙内的工质流动在整个流道中完全发展，切向速度沿轴向的分布表现为抛物线分布。将式(2-34)代入式(2-33)中，整理可得：

$$\overline{V}_r \frac{\mathrm{d}\overline{V}_\theta}{\mathrm{d}r} g^2(z) + \frac{\overline{V}_r \overline{V}_\theta}{r} g^2(z) + 2\omega V_r g(z) = -\frac{12\nu \overline{V}_\theta}{b^2} \qquad (2-38)$$

与径向动量守恒方程相同，对式(2-38)在区间$[0, 0.5b]$上求关于z的积分，并将平均径向速度的表达式 $\overline{V}_r = -\dfrac{m}{2\pi r b \rho}$ 代入，整理可得：

$$\frac{\mathrm{d}\overline{V}_\theta}{\mathrm{d}r} + \left(\frac{1}{r} - \frac{20\pi\mu r}{bm}\right)\overline{V}_\theta = -\frac{5}{3}\omega \qquad (2-39)$$

式中：$\overline{V}_\theta$ 仅是径向坐标 r 的单变量函数，且式(2-39)是一阶线性常微分方程，通过积分可求得其解析解，如式(2-40)所示。

$$\overline{V}_\theta = \frac{C}{r} e^{kr^2} + \frac{5\omega}{6kr} \qquad (2-40)$$

式中，$k = \dfrac{10\pi\mu}{bm}$。

在轮盘进口 $r = r_{o,d}$ 处，平均相对切向速度为 $\overline{V}_{\theta,o,d}$，将该边界条件代入式(2-40)中，可得到 C 的表达式：

$$C = r_{o,d} e^{-kr_{o,d}^2}\left(\overline{V}_{\theta,o,d} - \frac{5\omega}{6kr_{o,d}}\right)$$

至此，若轮盘进口的平均相对切向速度 $\overline{V}_{\theta,o,d}$ 已知，则可通过式(2-40)求得整个盘片间隙流道中的平均相对切向速度分布。$\overline{V}_{\theta,o,d}$ 与喷嘴出口速度有关，而喷嘴出口速度则与轮盘中的压降有关。

工质在喷嘴中的流动是典型的可压缩流动，喷嘴出口处的气流理想速度表示如下：

$$v_n = \sqrt{\frac{2\gamma}{\gamma-1} R T_{\mathrm{nt}}\left[1 - \left(\frac{p_{o,d}}{p_{\mathrm{nt}}}\right)^{\frac{\gamma-1}{\gamma}}\right]} \qquad (2-41)$$

式中，$p_{o,d}$ 为轮盘进口压力；p_{nt} 和 T_{nt} 分别为透平进口总压和总温。喷嘴出口实际气流速度与该理想速度有一定的关系，二者之差主要是由喷嘴中能量损失引起。

进一步，若忽略工质从喷嘴流入轮盘时的损失，轮盘进口速度与喷嘴实际气流速度相等，即该理想速度与轮盘进口速度相关。

盘片间隙流道中单位质量流量的工质作用在轮盘上的扭矩可表示为：

$$T_t = \bar{v}_{\theta,o,d} r_{o,d} - \bar{v}_{\theta,i,d} r_{i,d} = \left(\overline{V}_{\theta,o,d} + \omega r_{o,d} \right) r_{o,d} - \left(\frac{C}{r_{i,d}} e^{k r_{id}^2} + \frac{5\omega}{6k r_{i,d}} + \omega r_{i,d} \right) r_{i,d} \quad (2-42)$$

式中，$\bar{v}_\theta$ 为绝对切向速度的平均值，且 $\bar{v}_\theta = \overline{V}_\theta + \omega r$。

与常规透平相同，盘式透平的等熵效率可按式(2-43)计算：

$$\eta_i = \frac{T_t \cdot \omega}{\Delta h_{isen}} \quad (2-43)$$

式中，Δh_{isen} 为整个盘式透平上的等熵焓降。对于理想气体可表示为：

$$\Delta h_{isen} = \frac{\gamma}{\gamma-1} RT_{nt} \left[1 - \left(\frac{p_{i,d}}{p_{nt}} \right)^{\frac{\gamma-1}{\gamma}} \right] \quad (2-44)$$

因此，对于理想气体，式(2-43)可表示为：

$$\eta_i = \frac{\left[\left(\overline{V}_{\theta,o,d} + \omega r_{o,d} \right) r_{o,d} - \left(\frac{C}{r_i} e^{k r_{i,d}^2} + \frac{5\omega}{6k r_{i,d}} + \omega r_{i,d} \right) r_{i,d} \right] \omega}{\frac{\gamma}{\gamma-1} RT_{nt} \left[1 - \left(\frac{p_{i,d}}{p_{nt}} \right)^{\frac{\gamma-1}{\gamma}} \right]} \quad (2-45)$$

式中，$k = \frac{10\pi\mu}{bm}$，$C = r_{o,d} e^{-k r_{o,d}^2} \left(\overline{V}_{\theta,o,d} - \frac{5\omega}{6k r_{o,d}} \right)$。

对于以上各式需要注意的是，如式(2-37)和式(2-40)中所示，求解切向速度 v_θ 时需知轮盘进口相对切向速度，而该值与轮盘进口压力 $p_{o,d}$ 有关。同时，$p_{o,d}$ 的表达式中又包含轮盘进口相对切向速度，因此可通过迭代法来求解切向速度与压力分布。

考虑工质在喷嘴中的流动损失及轮盘进口气流角(气流与切向的夹角)的影响，轮盘进口平均切向速度需用系数 φ 来修正。这两个速度之间的关系如式(2-46)所示。

$$\bar{v}_{\theta,o,d} = \varphi \cdot \cos\alpha \cdot v_n = \varphi \cos\alpha \sqrt{\frac{2\gamma}{\gamma-1} RT_{nt} \left[1 - \left(\frac{p_{o,d}}{p_{nt}} \right)^{\frac{\gamma-1}{\gamma}} \right]} \quad (2-46)$$

式中，α 为喷嘴出口几何角(与切向的夹角)。需要说明的是，修正系数 φ 主要反映喷嘴损失，与盘片间隙有较大关系，可以通过试验、数值模拟等方法对其进行修正。

迭代的第一步，因为轮盘进口压力未知，因此可采用透平出口压力代替轮盘进口压力计算轮盘进口平均切向速度 $\bar{v}_{\theta,o,d}$，如式(2-47)所示。

$$\bar{v}_{\theta,o,d} = \varphi\cos\alpha\sqrt{\frac{2\gamma}{\gamma-1}RT_{nt}\left[1-\left(\frac{p_{i,d}}{p_{nt}}\right)^{\frac{\gamma-1}{\gamma}}\right]} \qquad (2-47)$$

式(2-47)表示透平中的压降全部发生在喷嘴,而轮盘中没有压降的极限情况。随后通过求解式(2-40),可得到整个盘片流道中的气流切向速度。随后对式(2-37)进行数值积分计算得到轮盘进口压力。将得到的轮盘进口压力 $p_{o,d}$ 代入式(2-46)和式(2-40)中,得到第一次迭代后的轮盘进口切向速度 $\bar{v}_{\theta,o,d}$ 及切向速度分布 $\bar{v}_{\theta}$。最终的计算结果是在 $p_{o,d}$ 和 $\bar{v}_{\theta,o,d}$ 两次计算的残差在允许范围内得到。一般情况下,整个迭代过程会在15步之内完成,整个迭代流程如图2-1所示。

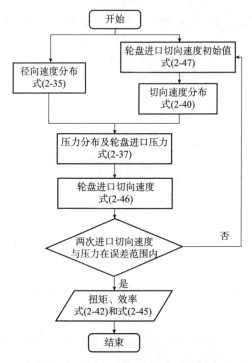

图2-1 盘式透平理论分析流程

2.3 盘式透平设计方法

2.3.1 总体设计原则

在盘式透平设计中,首先保证在规定的设计参数下总体气动性能良好,具体来说，即在设计工况下等熵效率尽可能高。同时，必须保证透平各部件的应力满足材料许用应力。在叶轮机械中，由于转子是旋转部件，在运行中受到离心力及气流力的作用，是强度校核中需要重点考核的对象。综上，盘式透平的综合设计需同时满足盘式透平气动性能及轮盘转子强度要求。

综上分析可知，影响盘式透平总体气动性能的参数诸多，且各参数之间相互影响、相互制约，因此在设计中不可能保证每个参数均处于其最佳值附近。因此在设计中应按照各敏感性因子的重要性顺序确定各参数的取值。

喷嘴进气式透平是盘式透平的研究热点，因此本书中的设计方法是针对喷嘴进气盘式透平。要设计一个盘式透平，需要确定的主要结构参数如表2-1所示。表2-1中还列出了确定该参数的主要因素。

表2-1 盘式透平的主要结构参数

名称	符号	单位	主要影响因素
盘片间隙	b	mm	气动
盘片厚度	t	mm	气动及加工
盘片外直径	$d_{o,d}$	mm	气动
盘片内直径	$d_{i,d}$	mm	气动
盘片出气孔面积	A_h	mm^2	气动与强度
盘片出气孔数目	N_h	个	强度
盘片孔直径	d_a	mm	强度
盘片数目	N_d	个	气动
动静径向间隙	c	mm	气动及加工
喷嘴喉口面积	A_{th}	mm^2	气动
喷嘴扩张角	β	(°)	气动
喷嘴出口气流角	α	(°)	气动
喷嘴数目	N_n	个	气动及加工

在盘式透平气动设计中，首先确定上述参数中确定因素有气动的结构参数，在后续的强度校核中重点考虑确定因素为强度或加工的结构参数。

2.3.2 设计方法

在前文理论分析的基础上，提出盘式透平的综合设计方法，包括气动设计和强度校核两个方面。该设计方法基于以下合理假设完成。

（1）每个盘片流道中的流场分布是相同的，透平的总体参数如流量、扭矩、功率等与单个流道中的各参数是盘片流道个数的倍数关系。

（2）靠近盘片轴孔的区域即半径小的区域，由于力臂较小，该处工质对扭矩及功率的贡献较小，因此将盘式透平复杂的轴向排气简化为某一半径处的圆环面排气；将该径向排气面处半径定义为盘片内半径，且该半径等于实际轴向排气孔中线处的半径，如图 1－1 所示。

（3）盘式透平的设计包含 3 个截面：透平进口、喷嘴出口（轮盘进口）和透平出口。在设计中暂不考虑动静腔室的影响。

综上，本设计方法的研究对象为喷嘴进气且径向排气的单通道盘式透平。这与实际应用中的多通道盘式透平的设计方法会有不同，但因目前未有较全面的数值分析结果或试验结果，因此只能采取这种简化透平模型进行设计。

在已知透平进出口气动参数后，如何确定透平各结构参数及转速是盘式透平气动设计的要点，设计中需要重点考察的气动性能参数是其等熵效率与功率。该气动设计方法基本思路是，首先根据现有经验与结果确定主要无量纲参数的取值，然后根据无量纲参数关系式确定量纲参数。下面将逐个介绍和分析主要无量纲参数及相应的取值。

（1）轮盘进口无量纲切向速度差。从 2.1 节中的敏感性分析结果可知，轮盘进口马赫数是影响盘式透平等熵效率的最敏感因子。文献 [47] 中指出若工质在喷嘴喉口处达到堵塞工况，即工质在喷嘴喉口处达到声速，此时轮盘进口马赫数将与轮盘进口无量纲切向速度差存在一一对应关系，其关系如式（2－48）所示。

$$M_{o,d} = U_{o,d} / \sqrt{\gamma R T_{th}} = \frac{(p_{th}/p_{nt})_{crit}^{(\gamma-1)/2\gamma}}{\hat{W}_{o,d} + 1} \qquad (2-48)$$

在盘式透平的设计中，轮盘进口速度应尽可能高，以便工质能将更多的动能转化为机械能，但若超过声速则会带来激波损失等。因此一般将喷嘴喉口处设计为堵塞工况，即喉口处速度为声速。轮盘进口无量纲切向速度差在初步设计时可取 0.2，该值在数值分析完成后会有更准确的取值范围。

（2）Ekman 数。定义为盘片间隙的一半 h 与 Ekman 边界层厚度 δ 的比值，具体表达式如式（2－49）所示。

$$E_k = h/\delta = h/\sqrt{\nu/\omega} \qquad (2-49)$$

相邻两个旋转平板之间的流动分为两个阶段：一个是进口段，即边界层发展段；另一个是充分发展段，也叫 Ekman－Couette 流动段，这一区域工质的边界层区域已发展充分，速度分布仅与盘片间隙、运动黏性系数及旋转速度有关，如图 2 - 2 所示。根据文献[122]中的研究结果，初步设计时该参数的取值为2。

（3）喷嘴损失系数。喷嘴损失系数考虑了喷嘴中的沿程阻力损失及从喷嘴流至动静腔室过程中的局部损失。该值的大小与盘片间隙、喷嘴数目、动静径向间隙、流速等有很大的关系。在初步设计阶段只能根据经验给定某一合适的值。

（4）盘片半径比。该参数定义为盘片内径与外径之比，反映了盘片壁面的有效做功

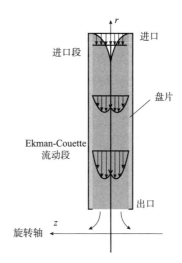

图 2 - 2 盘片流道内流动分布示意

区域。显而易见，工质在盘片外侧的做功能力大于盘片内侧，因此可以推测该参数在某一较大范围内对透平的气动性能影响较小。

详细了解并分析了盘式透平气动设计中的重要无量纲参数，下面将介绍盘式透平气动设计的具体步骤。

（1）根据盘式透平进出口参数，得到工质在喷嘴出口的压力，喷嘴中压比为临界压比。同时根据喷嘴损失系数、速度系数及反动度的关系，得到喷嘴出口实际温度。三者关系如式（2 - 50）所示。

$$\xi_n = (1 - \varphi^2)(1 - \Omega) \qquad (2-50)$$

式中，ξ_n 为喷嘴损失系数；φ 为喷嘴速度系数；Ω 为透平反动度。

此外，喷嘴损失系数与喷嘴出口温度的关系如式（2 - 51）所示。

$$\xi_n = \frac{T_{o,d} - T_{s,o,d}}{T_{nt}\left[1 - (p_{i,d}/p_{nt})^{(\gamma-1)/\gamma}\right]} \qquad (2-51)$$

式中，$T_{o,d}$ 和 $T_{s,o,d}$ 分别为喷嘴出口即轮盘进口的实际温度及等熵膨胀温度。

至此可以计算出喷嘴出口速度、轮盘进口速度及喷嘴出口各热力学参数。

（2）在盘式透平的初步设计中，喷嘴数目在 2 ~ 8 选择。考虑喷嘴加工问题，在初步设计中，喷嘴数目为 2。此外，喷嘴扩张角有一范围，10° ~ 12°[124]。至此可以得到喷嘴喉口面积，设计中该扩张角为11°。

（3）根据流体力学知识，动静径向间隙越大，工质在其中的黏性摩擦损失越高，因此该参数应尽可能小。考虑加工及安装精度，设计中该参数取值

为 0.25mm。

(4)根据前人研究结果及盘式透平做功原理可知，盘式透平的喷嘴出口气流角(气流速度与切向的夹角)越小其相对切向速度越大，做功能力及效率越高；该值也不能太小，需给工质提供一定的径向速度，使得工质顺利流过盘片流道。设计中该参数取值10°。至此可以得到工质的轮盘进口切向速度。

(5)根据无量纲切向速度差，可以得到轮盘进口圆周速度。综合考虑转速与盘片直径的关系，确定合适的盘片直径和转速。

(6)根据经验选取合适的 Ekman 数，从而求得盘片间隙，设计中该值为 2。

(7)根据式(2－36)，求得盘片半径比。

至此整个盘式透平中气动设计已全部完成。接下来将主要从加工制造、安装及强度分析等方面综合考虑表 2－1 中的其他主要参数。

(8)盘片厚度。盘片通常为等厚度盘片，故盘片厚度对其强度影响很小。从气动性能来看，盘片厚度越小，工质从喷嘴出口流入轮盘流道越容易，能量损失越小；从加工制造方面来看，盘片厚度越小，考虑盘片平整度的高要求，其制造难度增加。因此盘片厚度的选择需要综合考虑气动及加工两方面的影响。

(9)盘片轴孔。考虑转子的布置方式及轴承的公称直径(DN，轴承内径与转速的乘积)。

(10)盘片排气孔。综合考虑排气孔处的气流速度(对通流面积的影响)及强度，排气孔处的气流速度不能过大。

2.3.3 设计实例

盘式透平的气动设计是在自编程序中完成。表 2－2 所示根据该气动设计方法得到的盘式透平基本结构参数，下面几章数值及试验研究是基于该透平模型展开的，并将基于研究结果对上述设计步骤中根据经验取值的各参数给出更恰当的取值范围。

至此已经完成了盘式透平的气动设计，下面将针对盘片其他主要结构参数进行进一步的设计，并针对盘片及轮盘组件进行强度校核，以保证盘式透平运行时应力满足材料许用应力要求。

根据公开的文献，盘式透平的轮盘一般有两种结构：一种是将数个盘片与数个垫片依次间隔安装在转轴上，垫片的厚度为盘片间隙的距离，这种轮盘需要在盘片靠近轴孔的位置布置数个排气孔以便工质从中流出，如图 1－6 所示；另一种是将数个盘片通过螺母及定位销安装在某基准盘上，这种盘片不需要排气孔，工质将直接径向流出盘片流道，最后再轴向流出轮盘，如图1-7所示。考虑定位销和螺栓一般安装在盘片中外侧，将显著影响气动性能，本研究采用第一种轮盘结构。

表2-2 盘式透平气动设计结果

参数	单位	数值
流量	g/s	0.78
透平进口总压	kPa	345
透平进口总温	K	373
透平出口静压	kPa	101
转速	r/min	45000
喷嘴数目	个	2
喷嘴喉口面积	mm^2	0.72
喷嘴扩张角	(°)	11
喷嘴出口气流角	(°)	10
动静径向间隙	mm	0.25
盘片外径	mm	100
盘片内径	mm	38.4
盘片间隙	mm	0.206
轮盘进口无量纲切向速度差	—	1.08
Ekman 数	—	2
盘片半径比	—	0.192
效率	%	41.08
功率	W	36.44

盘式透平的盘片是等厚度盘片，且强度校核时主要考虑离心力影响，因此厚度对盘片的应力几乎没有影响。但盘片的排气孔和轴孔对应力影响较大。考虑转子的布置方式及轴承的公称直径，盘片轴孔选取20mm。参考现有的排气孔的形状及布局，并核对了排气孔的面积，最终确定盘片的排气孔，具体结构如图2-3所示。

虽然盘片厚度对轮盘的强度影响不大，但盘片越厚工质从喷嘴进入轮盘时对气流速度影响较大，同时恶化盘片流道中的内部流动并降低其气动性能，因此从

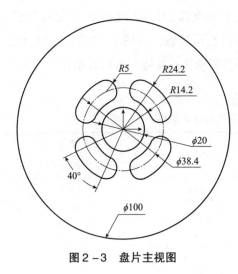

图2-3　盘片主视图

气动性能的角度考虑，盘片厚度越小越好。但盘片越薄其加工将变得越困难，尤其是在盘片外径较大时，盘片平整度很难保证。在盘片间隙较小时，若盘片平整度不能保证将直接影响盘式透平的正常运行。综合考虑盘片厚度对气动性能及加工的影响，本书中针对外径为100mm的盘片，其厚度确定为1mm。

至此该盘片的具体结构已经确定，借助商用软件 ANSYS Workbench 模块对盘片进行强度校核，主要考核 von-Mises 应力及总形变量，分别校核了采用不锈钢、合金结构钢和钛合金3种材料的盘片应力。相应的物性参数及力学性能如表2-3所示。

表2-3　各材料的性能参数

材料	密度/（kg/m³）	杨氏模量/MPa	泊松比	屈服强度/MPa	抗拉强度/MPa
不锈钢	7930	194020	0.3	205	520
合金结构钢	7820	206000	0.3	735	930
钛合金	4430	110000	0.34	830	895

首先对单个盘片开展有限元分析，校核了设计转速45000r/min下的结构应力。在轴孔圆环面上施加固定约束。对该数值模型进行网格无关性验证，最终采用的是网格节点数为172万，网格单元数为36万的网格。

图2-4和图2-5所示分别为转速为45000r/min时不同材料盘片的 von-Mises 应力分布云图及总形变量云图。可以看出，不同材料的盘片其应力分布及总形变量分布基本相同。应力最大值出现在相邻排气孔之间的区域，这是因为排气孔的存在使得排气孔以外的盘片离心应力全部施加至该区域。在盘片轴孔处也出现了相对较大的应力。钛合金、不锈钢和结构合金钢的盘片其最大应力值分别为327.4 MPa、583.5MPa 和575.3 MPa。考虑塑性材料的安全因数通常为1.5～2，在设计转速下仅有钛合金盘片的应力满足材料许用应力要求。此外，各不同材料盘片的总形变量均远小于动静径向间隙，满足透平结构及运行要求。

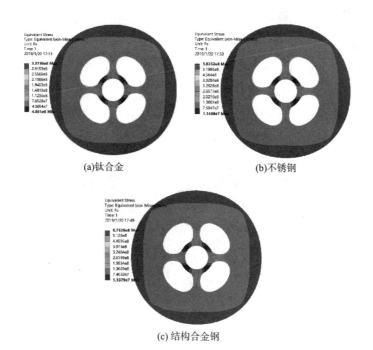

(c) 结构合金钢

图 2 - 4　45000r/min 时不同材料盘片的 von - Mises 应力分布云图

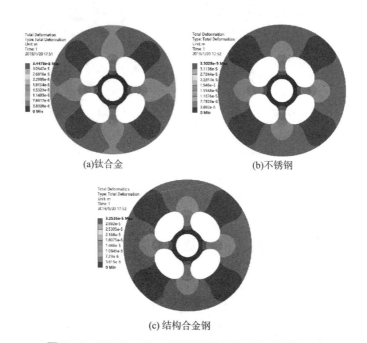

(c) 结构合金钢

图 2 - 5　45000r/min 时不同材料盘片的总形变量云图

此外，针对轮盘组件即盘片与垫片的组件也开展了有限元分析，以校核该组件的结构是否满足要求，其由 5 个盘片和 6 个垫片交替布置而成。图 2-6 所示为轮盘组件在 45000r/min 时的 von-Mises 应力分布云图及总形变量云图。可以看出，盘片组件中盘片的应力分布与单个盘片的相同，最大应力值较单个盘片的略有增加，具体增加了 1.53%。此外总变形分布相同，其最大值几乎不变。因此可以认为单个盘片的有限元分析结果可以表征轮盘组件的结果。

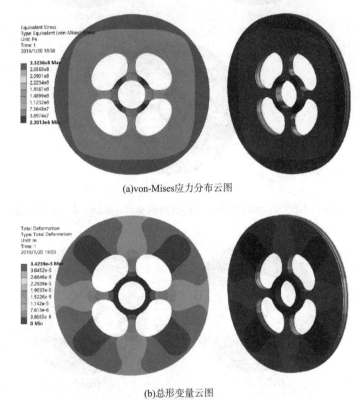

(a)von-Mises应力分布云图

(b)总形变量云图

图 2-6　盘式透平轮盘组件的强度计算结果

2.3.4　理论分析与数值计算结果的对比

针对已设计好的这一典型运行工况典型尺寸的盘式透平进行数值计算，与本书提出的理论分析模型预测结果进行对比，以验证理论模型的准确性。

本书中的数值计算均借助商用计算流体动力学软件 ANSYS CFX 完成。网格划分采用 ANSYS ICEM CFD 软件完成，为六面体结构化网格，动静腔室及轮盘流体域内采用 O 形拓扑结构，喷嘴出口处采用 Y 形拓扑结构，以提高网格质量，并在轮盘中流动相对较复杂的区域进行网格加密。动静交界面采用冻结转子法以传递数据，所有壁面采用绝热无滑移壁面条件。

目前公开的盘式透平试验研究的文献中，盘式透平相关参数与结果不完整，特别是透平的结构参数。因此目前无法对盘式透平流动模型进行验证。在平板泊肃叶流动的研究中，发现临界雷诺数为1000[125]。对于盘式透平，特征尺寸为盘片间隙的1/2，特征速度为盘片间隙中工质的平均速度。本书中盘式透平的雷诺数均在1000以上，因此，在盘式透平的数值计算中应采用湍流模型。本书中数值计算采用了SST $k-\omega$ 湍流模型，文献[40，50，108]中也采用该湍流模型。

计算中所有流动控制方程中的空间项采用二阶中心差分格式进行离散，时间项采用二阶后退欧拉格式进行离散，计算中采用一种自动近壁面处理方法以提高计算精度，总体精度为二阶。

在数值计算前首先要进行网格无关性验证，故针对上节中设计的单通道盘式透平模型采用四套不同的网格进行数值计算。该透平的网格无关性验证结果如表2-4所示，表中给出了透平总体气动性能参数，包括流量、等熵效率和输出功率，其中等熵效率 η 的定义式如式（2-52）所示。

$$\eta = \frac{P}{m\Delta h_{\text{isen}}} = \frac{T_t\omega}{mc_p T_{\text{nt}}\left[1 - (p_{\text{i,d}}/p_{\text{nt}})^{(\gamma-1)/\gamma}\right]} \qquad (2-52)$$

式中，P 为透平功率；m 为质量流量；Δh_{isen} 为等熵焓降；T_t 为轮盘上的扭矩；ω 为轮盘的旋转角速度；c_p 和 γ 分别为工质的定压比热容和比热容比；T_{nt} 为透平进口总温，$p_{\text{i,d}}/p_{\text{nt}}$ 为透平出口静压与透平进口总压的比值，即透平压比。

表2-4 网格无关性验证结果

网格数目/万	流量/（g/s）	等熵效率	输出功率/W
60	0.7769	0.3949	33.9835
100	0.7792	0.3957	34.1704
170	0.7818	0.3955	34.2712
290	0.7821	0.3956	34.2877

由表2-4可以看出，170万的网格已达到网格无关性的要求，故该盘式透平模型采用170万的网格，网格分布如图2-7所示。

对该透平开展不同转速下的CFD数值计算，并对比数值计算结果与本书提出的理论分析模型及Carey理论分析模型预测结果，从而验证该理论分析模型的可行性和准确性。图2-8所示为两种理论分析模型的预测结果与数值计算结果，

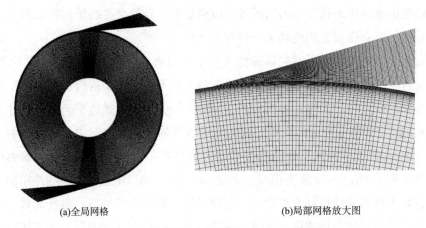

(a)全局网格   (b)局部网格放大图

图2-7　盘式透平计算网格(约170万网格)

具体是透平等熵效率与转速的关系曲线。本书提出的理论分析模型预测的盘式透平等熵效率与数值模拟结果基本相符，高转速下有差异，最大的误差出现在50000～60000r/min，相对误差约为6%，在可接受范围内。此外，理论模型预测的最佳转速为48000r/min，与数值模拟的结果略有差异。Carey理论分析模型预测的等熵效率与数值分析结果变化趋势不符，在高转速下数值差异较大。综上，本书提出的理论分析模型可以有效地预测盘式透平的气动性能。

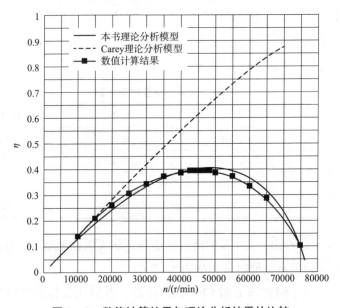

图2-8　数值计算结果与理论分析结果的比较

2.4　本章小结

本章针对前人的理论分析模型，开展了盘式透平气动性能的敏感性分析，得到了各参数影响其等熵效率的重要性序列。从 Navier – Stokes 方程出发，在合理的假设和简化下推导了盘式透平各总体气动性能参数的表达式，重点考虑了轮盘中压降及速度轴向分布。最终，基于敏感性分析及理论分析模型，提出了盘式透平的综合设计方法，并采用数值模拟的结果证明了该理论分析模型的有效性。获得的主要结论如下：

（1）盘式透平等熵效率敏感性分析的结果表明：轮盘进口马赫数对等熵效率影响最大，其后依次是工质绝热指数、透平膨胀比、透平进口无量纲切向速度差、修正雷诺数及盘片半径比。在盘式透平设计时，首先保证轮盘进口马赫数在其最佳范围内。

（2）在合理的假设下，从 Navier – Stokes 方程开始，着重考虑了轮盘中介质压降及速度轴向分布，推导了更完善的盘式透平内部流动理论分析模型，可预测透平内部流场分布及总体气动性能。

（3）基于敏感性分析结果及理论分析模型，提出了盘式透平的综合设计方法。在设计时，首先依据经验给出盘式透平的几个重要无量纲参数的最佳值，包括轮盘进口无量纲切向速度差、Ekman 数和喷嘴损失系数等，然后依据各无量纲参数的表达式求解得到各量纲参数，最终得到盘式透平的结构参数及运行参数。设计得到盘片外径为 100mm，盘片间隙为 0.206mm 的典型结构盘式透平。通过数值计算验证了该理论分析模型的准确性。

第3章 运行参数对盘式透平
气动特性的影响研究

在盘式透平的理论分析中，通常假设各盘片流道内的流场相同。本章针对理论分析中最常用的盘式透平单通道结构，采用数值模拟的方法对其进行内部流动特性研究。影响盘式透平总体气动性能及内部流动特性的参数可分为两类，即结构参数和运行参数。本章以第2章设计得到的盘片外径为100mm的典型盘式透平为研究对象，主要研究影响盘式透平气动性能最为显著的数个运行参数，包括透平转速、透平压比及透平进口总温，分析以上几种参数对盘式透平总体气动性能及内部流动特性的影响，揭示内部流动机理，从而为盘式透平的设计提供理论依据与技术指导。数值研究中采用单一变量法，即研究某一参数的影响时，只改变该参数，其余参数保持不变。

3.1 透平转速对盘式透平气动特性的影响

为研究透平转速对盘式透平总体气动性能及内部流动特性的影响，数值计算了不同转速下盘式透平的流场，转速为10000~75000r/min。

3.1.1 总体气动性能

盘式透平总体气动性能参数包括等熵效率、流量、扭矩和功率等，为了使结果具有普适性，定义了流量系数、扭矩系数和比功。

流量系数 C_m 定义为轮盘进口平均径向速度 $\bar{v}_{r,o,d}$ 与轮盘进口圆周速度 $\omega r_{o,d}$ 之比，结合连续方程，表达式如式(3-1)所示。

$$C_m = \frac{\bar{v}_{r,o,d}}{\omega r_{o,d}} = \frac{m}{2\pi\rho\omega b r_{o,d}^2} \tag{3-1}$$

式中，m 为质量流量；ρ 为工质密度；b 为盘片间隙；$r_{o,d}$ 为盘片外半径。

扭矩系数 C_T 是用质量流量 m，工质轮盘进口切向速度 $\bar{v}_{\theta,\text{o,d}}$ 和轮盘进口半径 $r_{\text{o,d}}$ 对扭矩 T_t 进行无量纲化，表达式如式(3-2)所示。

$$C_T = \frac{T_t}{m\bar{v}_{\theta,\text{o,d}}r_{\text{o,d}}} \qquad (3-2)$$

比功 C_P 是功率 P 与质量流量 m 之比，表征单位质量流量工质的做功能力，表达式如式(3-3)所示。

$$C_P = \frac{P}{m} \qquad (3-3)$$

图3-1所示为不同转速下盘式透平总体气动性能随着转速的变化关系曲线。盘式透平等熵效率和比功均随着转速先增加后减小，在转速45000r/min时分别达到最大值39.55%和43.83kJ/kg，即转速存在一个最佳值使得盘式透平的等熵效率最高，这与常规透平一致。随着转速升高，流量先缓慢减小后较快减小，流量

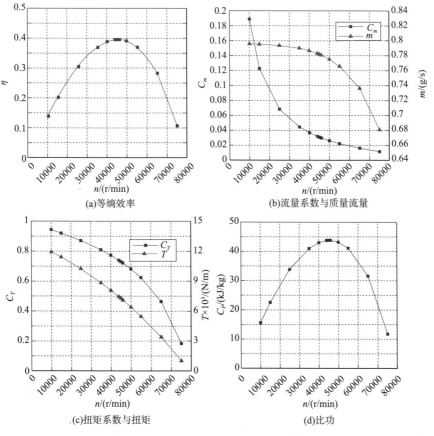

(a)等熵效率　　　　　(b)流量系数与质量流量

(c)扭矩系数与扭矩　　　　　(d)比功

图3-1　盘式透平总体气动性能随着转速的变化关系曲线

系数则先快速减小后缓慢降低，这是因为根据定义式，其与转速成反比例关系。扭矩随着转速升高匀速减小，无量纲参数扭矩系数也随着转速的升高而降低。

随着转速升高，轮盘中工质离心力增加，轮盘中工质压降升高而喷嘴中压降减小，故透平质量流量减小。喷嘴出口压力的降低导致工质喷嘴出口速度减小，且轮盘转速升高导致轮盘圆周速度增加，轮盘中工质的相对切向速度降低，因此，工质作用在盘片表面的黏性摩擦力减小，扭矩减小。

3.1.2 部件损失规律

为了深入分析盘式透平等熵效率随转速的变化规律，特此研究了盘式透平各部件能量损失随转速的变化规律。与常规透平相同，盘式透平的部件损失包括喷嘴损失、轮盘损失和余速损失三项。图 3 - 2 所示为盘式透平各部件损失系数与转速的变化曲线，定义为各部件能量损失与盘式透平等熵焓降的比值。

如图 3 - 2 所示，随着转速升高盘式透平的喷嘴损失系数先是几乎不变，在超过 40000r/min 之后逐渐减小，但与轮盘损失系数和余速损失系数的变化量比较，其变化量相对较小。轮盘损失系数随着转速升高先减小后增加，而余速损失系数逐渐增加。盘式透平的部件损失规律与常规透平的完全不同，因此有必要对其进行更详细的分析。

图 3 - 3 所示为喷嘴总压损失系数与转速的关系曲线，喷嘴总压损失系数定义为喷嘴总压损失与透平进口总压的比值。喷嘴总压损失系数随着转速的升高逐渐减小，说明喷嘴能量损失随着转速的升高而减小，这佐证了图 3 - 2 中的结论。轮盘损失系数和余速损失系数的变化规律将在下节中结合内部流场进行详细分析。

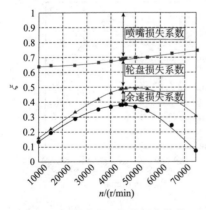

图 3 - 2　盘式透平部件损失规律

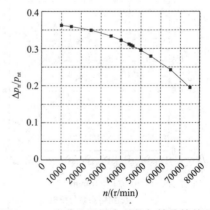

图 3 - 3　喷嘴总压损失系数与转速的关系

3.1.3 内部流动特性

图 3-4 所示为不同转速下的盘式透平在盘片间隙中间截面上的马赫数云图及流线图。工质在喷嘴流道中膨胀加速，在喷嘴喉口处气流速度达到最大值，随后以螺旋线轨迹流过盘片流道，气流速度逐渐减小，最后从透平出口排出。

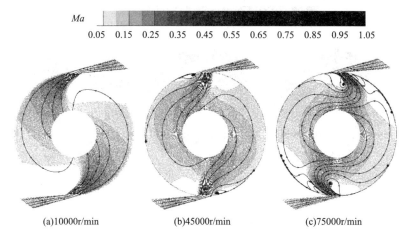

(a)10000r/min　　　　(b)45000r/min　　　　(c)75000r/min

图 3-4　不同转速下的盘式透平在盘片间隙中间截面上的马赫数云图及流线图

随着转速升高，喷嘴出口气流速度明显降低，同时由于转速升高，轮盘进口圆周速度增加，因此轮盘进口气流相对速度减小，扭矩减小，与图 3-1 中结果一致。在低转速(如 10000r/min)下，工质以近切向流入盘片流道，相对切向速度很大，故黏性剪切力很大，气流速度很快降低，产生较大的能量损失；在高转速(如 75000r/min)下，工质以与轮盘旋转方向相反的方向进入轮盘，此时工质消耗外界能量，随着工质流向轮盘出口，轮盘圆周速度减小，气流相对速度增加，直至与轮盘旋转方向一致，此时工质才向外界输出机械功。因此，在较低转速和较高转速时，轮盘能量损失均较高，且高于最佳转速下的轮盘损失，这与上小节的分析一致。

此外，随着转速升高，轮盘出口相对马赫数增加，同时轮盘圆周速度也增加，因此工质在轮盘出口的绝对速度增加，余速损失增加。喷嘴中的能量损失主要是黏性摩擦力产生的能量损失，随着转速升高，喷嘴中速度减小，因此黏性摩擦力减小，从而导致喷嘴损失系数降低。以上均与上小节中部件损失规律的分析结果一致。

图 3-5 所示为不同转速下的盘式透平在盘片间隙中间截面上的压比云图，

压比定义为当地静压与透平进口总压之比。可以看出，工质在喷嘴中压力降低。工质进入轮盘中，工质对外输出功率，工质压力进一步减小，在轮盘出口处降至出口压力。随着轮盘转速升高，工质离心力增加，轮盘中的压降增加，喷嘴中的压降减小，因此工质质量流量减小。在理论分析时，轮盘中的压降是不能忽略的，尤其是在高转速下。

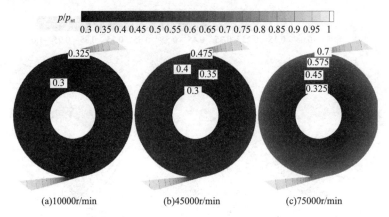

图 3-5 不同转速下的盘式透平在盘片间隙中间截面上的压比云图

3.2 透平压比对盘式透平气动特性的影响

本小节主要分析透平压比对盘式透平气动性能及流动特性的影响，透平压比定义为透平出口静压与透平进口总压的比值。数值计算了两组工况，一组改变透平进口总压(用 I 表示)，其出口静压为 101kPa；另一组改变透平出口静压(用 O 表示)，其进口总压为 345kPa。每个工况用所属组的字母加透平压比表示，例如 I -0.40 则表示改变进口总压，且透平压比为 0.40 的运行工况。

3.2.1 总体气动性能

图 3-6 所示为盘式透平的总体气动性能随着透平压比的变化曲线。可以看出，不论是改变透平进口总压还是透平出口静压，只要透平压比相同，其气动性能几乎相等；在高透平压比下差异较明显，改变进口总压的透平等熵效率略低于改变出口静压的透平效率。随着透平压比的增加，透平等熵效率先略有增加后逐渐降低，下降速度在压比较小时比较平缓，且等熵效率的变化值特别小，可认为

几乎不变。当压比超过 0.35 之后,下降速度增加。流量系数、扭矩系数及比功均随着透平压比的增加逐渐减小。

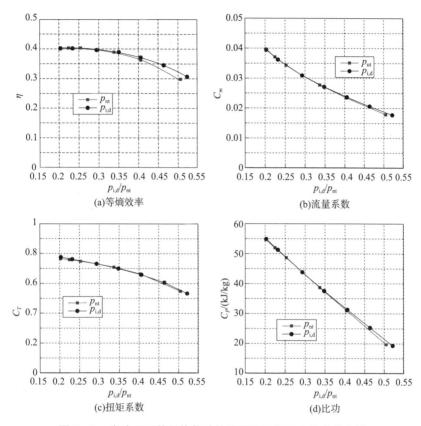

图 3-6　盘式透平的总体气动性能随着透平压比的变化曲线

图 3-7 所示为不同透平压比下的盘式透平压力反动度随透平压比的变化曲线。可以看出,在改变进口总压和改变出口静压两种工况下,在压比相等时其压力反动度变化不大。在低透平压比下,改变进口总压的透平其反动度略高于改变出口静压的透平,在高透平压比下则相反。

透平压力反动度随着透平压比的减小而降低,即进口总压越高或出口静压越低(透平总压降增加),轮盘中压降占透平总压降的比例越低,喷嘴中的压降比例越高,喷嘴中的压降绝对值越高,质量流量增加。I组中,随着透平压比的降低即透平进口总压的升高,喷嘴中压降增加,工质的质量流量大幅增加;随着透平压比的降低,工质在轮盘进口处的压力和密度升高,但增加速度没有质量流量快。在两者的共同作用下,流量系数随着透平压比的降低而增加。O组中,随着透平压比的降低，即透平出口静压的降低，喷嘴中压降占透平中压降的比例增加，喷嘴中的压降绝对值增加，透平质量流量增加，但由于进口总压没有变化，其变化幅度与 I 组相比较小；且随着透平压比降低，喷嘴中的压降增加，因此其轮盘进口压力和密度降低。在这两者的共同作用下，随着透平压比的降低流量系数增加。

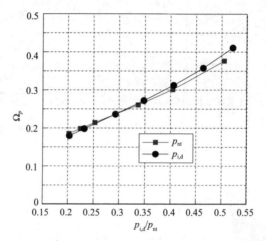

图 3 - 7 盘式透平压力反动度随着透平压比的变化曲线

3.2.2 内部流动特性

为分析不同透平压比下盘式透平的内部流动特性，图 3 - 8 所示为不同透平压比下盘式透平在盘片间隙中间截面上的马赫数云图及流线图。对比图 3 - 8(a) ～ (c)发现，随着透平压比的降低，即透平进口总压的增加，喷嘴出口处的马赫数急剧上升。这是因为随着进口总压的升高，透平喷嘴中的压降增加，因此喷嘴出口气流速度和马赫数增加。由于喷嘴出口速度的增加，轮盘进口气流角减小，工质相对切向速度增加且流动轨迹变长；低透平压比的工况中，盘片流道中的低速区大幅减少，工质在轮盘进口喷嘴两侧的旋涡减小；在上述两种因素的共同作用下，随着透平压比的降低，透平扭矩大幅增加。

对比图 3 - 8(c)、(d)可以发现，对于透平压比相同的两组工况，其在盘片流道中间截面上的马赫数云图和流线图较为相似，可以推测其无量纲气动性能几乎相等。

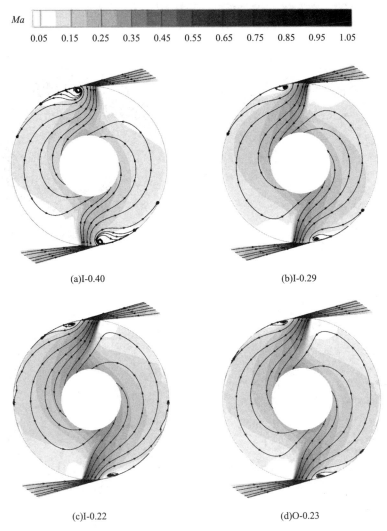

图3－8 不同透平压比下盘式透平在盘片间隙中间截面上的马赫数云图及流线图

图3－9所示为不同透平压比下盘式透平在盘片流道中间截面上的无量纲压比云图，无量纲压比定义为当地压力与出口静压之差除以透平进出口压差。可以看出，随着透平压比的降低，即进口总压的升高，透平喷嘴中的压降比例增加，轮盘中的压降比例减小。此外，由图3－9(c)、(d)可以发现，两组运行工况透平压比相同时，其无量纲压比云图几乎相同，这也说明两组工况下相同压比透平的无量纲气动性能几乎相同。

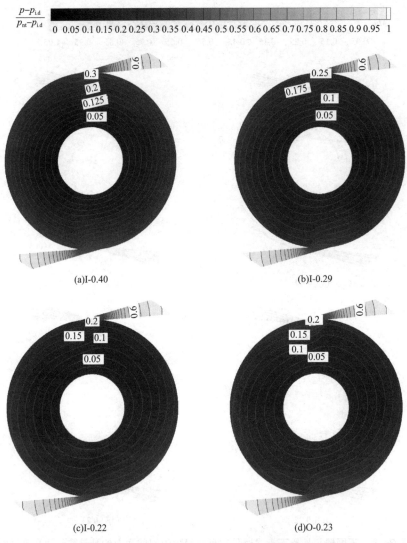

图 3 − 9　不同透平压比下盘式透平在盘片流道中间截面上的无量纲压比云图

　　为充分说明相同压比下两组工况的流动情况类似，图 3 − 10 所示为工况 I − 0.22 与工况 O − 0.23 在盘片流道中间截面上的马赫数之差与无量纲压比之差云图。马赫数之差在盘片流道的大部分区域均很小，在 0.02 以下，只有在轮盘外缘侧有小部分区域差别较大。无量纲压比之差在整个流道大部分区域差别很小，在喷嘴出口处压比之差较大，但也不超过 0.01。由此可以认为压比相同的两组工况下，工质在透平中的流动情况较为相似，这也是其总体气动性能相同的原因。

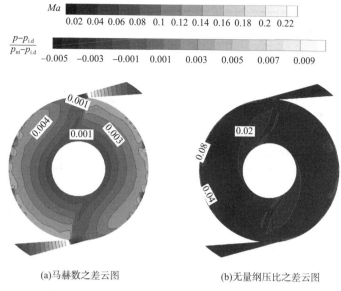

(a)马赫数之差云图   (b)无量纲压比之差云图

图 3 –10   盘片流道中间截面上的工况 I –0. 22 与
工况 O –0. 23 的马赫数和无量纲压比之差的云图

3.3   透平进口总温对盘式透平气动特性的影响

本小节数值计算了 5 种不同透平进口总温下的流动情况，以研究透平进口总温对盘式透平气动性能及流动特性的影响。

3.3.1   总体气动性能

表 3 –1 所示为不同透平进口总温下的盘式透平总体气动性能。随着透平进口总温的提高，盘式透平等熵效率先增加后减小，但其变化值较小。可以认为在设计温度的较大范围内，等熵效率几乎不变，因此在盘式透平设计中，透平进口总温可以在较大的范围内取值；随着透平进口总温提高，透平质量流量减小，但流量系数增加，扭矩和扭矩系数增加，比功增加。其变化原因将借助具体的流场进行分析。透平进口总温在盘式透平设计时，决定了其在喷嘴出口的气流速度，从而进一步影响最佳转速的取值。

表3-1 透平进口总温对透平总体气动性能的影响

进口总温/K	等熵效率	进口流量/(g/s)	流量系数	扭矩×10³/(N/m)	扭矩系数	比功/(kJ/kg)
293	0.3883	0.8796	0.02558	6.3076	0.5489	33.79
333	0.3944	0.8269	0.02833	6.8464	0.6630	39.02
373	0.3956	0.7818	0.03091	7.2726	0.7090	43.84
413	0.3941	0.7427	0.03334	7.6214	0.7312	48.36
453	0.3900	0.7085	0.03567	7.8908	0.7695	52.48

3.3.2 内部流动特性

图3-11所示为不同透平进口总温条件下盘式透平在盘片流道中间截面上的马赫数云图及流线图。不同透平进口总温条件下，马赫数在整个流道中的分布较相似。但应注意当地声速随着进口总温的提升将大幅提升，因此气流速度也大幅提升。

随着透平进口总温升高，工质在喷嘴出口的马赫数略有增加，且当地声速增加，因此气流速度增加，轮盘中的气流角减小，相对切向速度增加，扭矩增加。工质在轮盘进口的绝对切向速度随着透平进口总温的增加而增加。扭矩系数与扭矩成正比，与轮盘进口绝对切向速度成反比，在这两者的共同作用下，扭矩系数随着透平进口总温的增加而增加，增加速度小于扭矩的增加速度。

图3-12所示为不同透平进口总温条件下盘式透平在盘片间隙中间截面上的压比云图。随着透平进口总温的提升，喷嘴出口处的压力降低，且不同工况下的喷嘴中的压比均小于工质(理想空气)的临界压比，即0.528，因此工质的质量流量均为喷嘴的最大流量，而最大流量与透平进口密度的平方根成正比。根据完全气体方程，密度与温度成反比。综上，工质质量流量随着透平进口总温的提升而降低。工质的流量系数与密度成反比，因此透平的流量系数随着透平进口总温的提升而增加。

由图3-11和图3-12可知：随着透平进口总温的提升，工质马赫数和压比的分布几乎相同，但略有差异。随着透平进口总温提升，喷嘴出口压力降低，气流速度大幅增加，马赫数增加；工质流入轮盘进口的气流角减小，相对速度增加，流线略有增长；轮盘进口喷嘴两侧区域的旋涡区域面积减少。由图3-12还可知：随着透平进口总温的增加，轮盘中的压降略有下降，工质在轮盘中的增速略有减小。

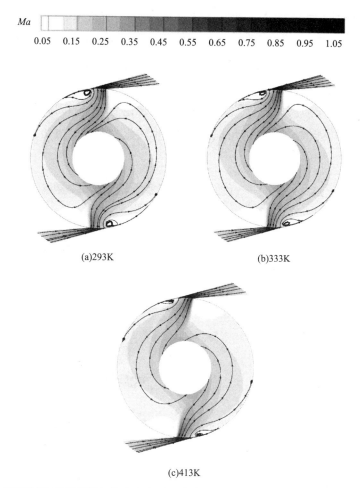

图 3-11 不同透平进口总温条件下盘式透平在盘片流道中间截面上的马赫数云图及流线图

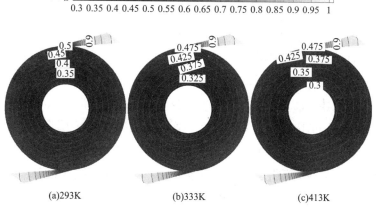

图 3-12 不同透平进口总温条件下盘式透平在盘片间隙中间截面上的压比云图

图 3 – 13 所示为不同透平进口总温条件下的盘式透平在盘片间隙中间截面上的温度云图。可以看出，透平进口总温不同时，工质在该截面上的温度分布相似，在轮盘外缘一圈有温度较高的区域，这是因为轮盘外缘仅间隔均匀布置两个喷嘴，部分进气度很高，在轮盘外缘处有很大的能量损失，从而使其温度升高。在喷嘴中，由于工质膨胀加速，将工质的热能转化为动能，因此其温度下降；在轮盘中，剩余热能继续转化为动能，且动能也转化为外界机械功，因此工质温度进一步降低。

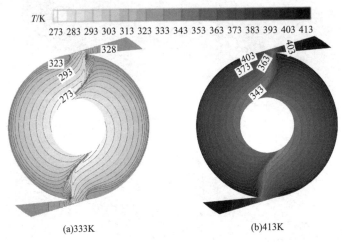

(a)333K　　　　　　　　　　(b)413K

图 3 – 13　不同透平进口总温条件下的盘式透平在盘片间隙中间截面上的温度云图

3.4　本章小结

本章针对理论分析中常用的单通道结构数值研究了运行参数转速、透平压比及透平进口总温对盘式透平总体气动性能和内部流动特性的影响规律及影响机制，揭示了透平内部流动机理及部件损失特性，主要结论如下：

（1）与常规透平相同，盘式透平等熵效率随着转速升高先增加后减小，即存在一个转速的最佳值使得透平等熵效率最高。盘式透平各部件损失规律表明，随着转速升高，透平的喷嘴损失系数基本不变，高转速时略有下降；轮盘损失系数先减小后增加；余速损失系数则一直增加。低转速下，工质沿近切向流入轮盘，黏性摩擦力大导致较高的轮盘损失；高转速下，工质逆向流入轮盘，消耗外界机械功并带来能量损失。

(2)改变进口总压或出口静压,只要透平压比相等,盘式透平的等熵效率、流量系数、扭矩系数和比功几乎相等。随着透平压比的增加,等熵效率先略有增加后逐渐减小,透平压比较小时等熵效率变化很小,透平压比较大时(高于0.35)其大幅降低。

(3)盘式透平等熵效率对进口总温的敏感性很低,其随着进口总温的升高先增加后减小,但其变化值很小,温度从293K增加到453K,其等熵效率的最高值与最低值相差1.8%(相对值)。随着透平进口总温的升高,质量流量减小,流量系数增加;扭矩、功率和比功均增加。

第4章 结构参数对单通道盘式
透平气动特性的影响研究

本章针对理论分析中最常用的盘式透平单通道结构，采用数值模拟的方法研究影响盘式透平最为显著的结构参数盘片间隙、半径比和喷嘴数，以分析以上几种参数对盘式透平气动特性的影响，为盘式透平的设计与优化提供理论依据与技术指导。数值计算中透平进口给定总温总压条件，分别为 373K 和 345kPa，出口给定静压 101kPa。在分析某一结构参数的影响时，其他各结构参数保持不变。

4.1 盘片间隙对单通道盘式透平气动特性的影响

选取 7 种不同的盘片间隙，分别为 0.1mm、0.206mm、0.3mm、0.4mm、0.5mm、0.75mm 和 1mm。数值计算了这 7 种盘式透平模型在不同转速下的复杂流场，以分析其内部流动机理并为盘式透平设计提供理论依据。

根据 Rice[33] 的研究，在盘片间隙等于 2 倍的边界层厚度时，盘式透平的等熵效率最高。简单来说，这是因为在盘片间隙较小时，盘片流道内的两个盘片壁面上的边界层相互干涉，导致能量损失；在盘片间隙较大时，边界层以外的流体将不做功，直接流出轮盘，带来能量损失。

4.1.1 总体气动性能

图 4-1 所示为不同转速下盘式透平总体气动性能随着盘片间隙的变化曲线。在各转速下盘式透平等熵效率和比功均随着盘片间隙的增加先增加后减小，即盘片间隙存在一个最佳值使得盘式透平的等熵效率最高，且该最佳值在不同转速下不同。在 15000r/min 和 25000r/min 时，最佳盘片间隙为 0.4mm，而在其他 3 个较高转速时，最佳盘片间隙为 0.3mm。盘式间隙的最佳值与转速有关，其随着转速升高而减小。需要注意的是，在盘片间隙小于其最佳值时，气动性能变差很

快；大于最佳值时，气动性能降低较缓慢；说明流道内2个边界层相互干扰带来的能量损失远大于工质过多所造成的能量损失。在设计盘式透平时，要确定盘片间隙的最佳值，一定不能让其小于最佳值。

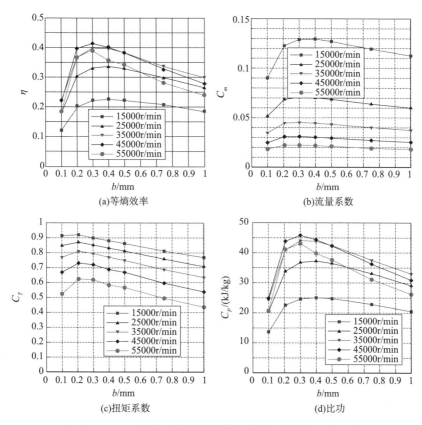

图4-1　盘式透平总体气动性能随着盘片间隙的变化曲线

此外，流量系数随着盘片间隙的增加先增加后减小，在低转速下，其随着盘片间隙的变化较为明显，在高转速下，其变化值相对较少。扭矩系数也随着盘片间隙的增加先增加后减小，其减小速度在各转速下几乎相等。以上各参数的变化规律将在下小节中结合流场进行详细分析。

4.1.2　部件损失规律

图4-2所示为转速为40000r/min时盘式透平部件损失系数与盘片间隙的关系曲线。随着盘片间隙增加，喷嘴损失系数大幅降低，但下降速度减缓；轮盘损失系数先减小后增大，但整体的变化幅度不高；而余速损失系数则是大幅增加。

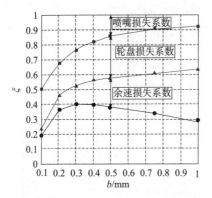

图 4-2　盘式透平在转速为 40000r/min 时
的部件损失系数与盘片间隙的关系曲线

以上三个部件损失规律导致了盘式透平等熵效率随着盘片间隙先增加后减小的变化规律。

喷嘴中的能量损失主要是沿程阻力损失及喷嘴部分进气引起的局部损失。盘片间隙变化时，局部损失变化不大，但沿程阻力损失变化显著。在盘片间隙较小时，边界层占整个喷嘴流道的比例很高，因此其喷嘴损失很大。随着盘片间隙增加，边界层所占比例减小，喷嘴损失也随之减小。轮盘损失和余速损失的变化规律将在下小节中详细分析。

4.1.3　内部流动特性

图 4-3 所示为不同盘片间隙的盘式透平在盘片流道中间截面上的马赫数云图及流线图，其转速为 40000r/min。随着盘片间隙增加，工质在喷嘴出口的马赫数先增加后减小，图中给出的 4 个模型的结果中，盘片间隙为 0.3mm 的盘式透平其马赫数最大。在盘片间隙为 0.1mm 时，轮盘流道中的速度很小，故能量转化很少且效率低。在盘片间隙大于 0.3mm 时，随着盘片间隙的增加，进入轮盘的气流速度减小，但由于轮盘中的压降增加，沿着流线工质气流速度增加，且盘片间隙越大，气流速度增加得越多。

在盘片间隙为 0.1mm 的盘式透平中，工质是以近径向流入轮盘流道，这是因为轮盘进口的气流速度太低。随着盘片间隙的增加，轮盘进口气流角逐渐减小，工质的相对切向速度增加，工质在轮盘流道中的流线变长，因此工质作用于轮盘上的扭矩增加。此外，随着盘片间隙增加，出口马赫数增加，即出口绝对速度增加，余速损失增加，与图 4-2 中的结果一致。

对于盘片间隙为 0.1mm 的盘式透平，喷嘴中的能量损失很大，从而导致工质在喷嘴出口和轮盘进口的气流速度很小，故在轮盘进口的平均径向速度也很小。流量系数的定义为轮盘进口平均径向气流速度与轮盘进口圆周速度之比，故可知其流量系数很小。对于盘片间隙为 0.3mm 的盘式透平，工质在喷嘴出口的马赫数较大，轮盘进口径向气流速度也较大，流量系数较大。当盘片间隙继续增加时，工质在轮盘出口的马赫数随着盘片间隙的增加而缓慢减小，故其流量系数也缓慢减小。综上，流量系数随着盘片间隙的增加先增加后减小，与图 4－1 中的结果一致。

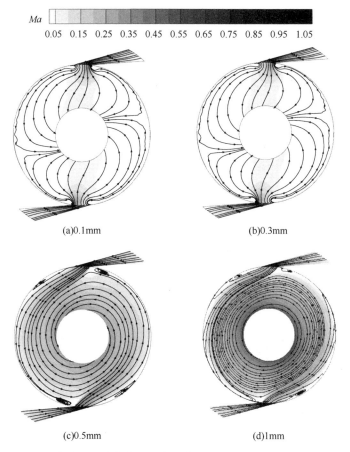

图 4－3　不同盘片间隙的盘式透平在盘片流道中间截面上的马赫数云图及流线图

综上分析可知：随着盘片间隙增加，其扭矩增加，但其流量也在增加，而工质在轮盘进口的切向速度先增加后减小。根据扭矩系数的定义，扭矩系数与扭矩成正比，与轮盘进口气流切向速度和流量成反比，以上各项的变化将导致扭矩系数变化复杂，根据图 4－1 中的结果，其随着盘片间隙的增加先增加后减小。

图 4－4 所示为盘片间隙分别为 0.1mm、0.3mm、0.5mm 和 1mm 四种盘式透平在转速为 40000r/min 时在不同周向位置处轴截面上的径向速度分布，各轴截面的位置顺序为 0°、45°、90° 和 135°，如图 1－1 所示，其中喷嘴布置在 0° 和 180° 处。图 4－4(a) 中的盘片间隙为 0.1mm 的透平截面上的 r 代表径向，z 代表轴向，每幅图下面的射线是参考矢量，表征的速度大小备注在分图名中。矢量箭

头由轮盘进口指向出口表示工质流向轮盘出口，若相反则表明发生了回流。

径向速度在各截面上的速度分布相似。径向速度在轮盘进口沿轴向分布不是均匀的，这是因为在动静环形腔室中已发展了边界层。在0°截面上，径向速度明显大于其他3个截面上的速度，这是因为喷嘴是布置在0°的周向位置处。在0°截面上径向速度从轮盘进口到出口一直减小，而在其他3个截面上径向速度则是一直增加。这是因为喷嘴只布置在0°的周向位置处，当工质从喷嘴流入轮盘流道的过程中，通流面积大幅增加，但有效通流面积很小，随着工质流向轮盘出口，工质不断扩散，有效通流面积增加，故在其他3个截面上工质径向速度增加，而0°截面上的径向速度减小。

从图4-4中还可看出，当盘片间隙较小时，径向速度沿轴向分布是抛物线形状，出现了两个边界层相互干涉的情况。当盘片间隙较大时，径向速度出现了双峰值的分布形式(W形)，当盘片间隙进一步增加，出现了盘片间隙中间区域径向速度为负的速度分布。这说明盘片间隙过大，流道中间的工质对做功没有任何贡献。

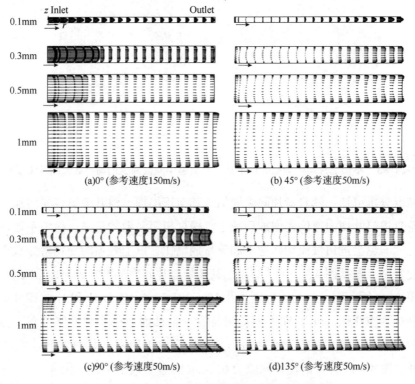

图4-4　不同周向位置处轴截面上的径向速度分布

图4-5所示为不同盘片间隙的四种盘式透平在转速为40000r/min时在不同周向位置处轴截面上的相对切向速度分布。箭头由轮盘进口指向出口表示相对切向速度为正，工质对外输出功；若方向相反，则工质消耗外界机械功。

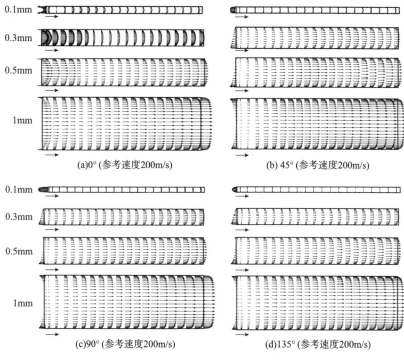

图4-5 不同周向位置处轴截面上的相对切向速度分布

相对切向速度在各截面上的分布相似。对于盘片间隙为0.3mm、0.5mm和1mm这三种盘式透平，在45°、90°和135°三个截面上的相对切向速度在轮盘进口处与轮盘圆周速度方向相反，但随着工质向轮盘出口流动，相对切向速度迅速增加。这是因为喷嘴只布置在0°位置处，这三个截面上轮盘进口气流速度很小，故其相对切向速度为负值；但随着工质向轮盘出口流动，轮盘圆周速度减小同时轮盘压降使得工质速度增加，故相对切向速度增加。对于盘片间隙为0.1mm的盘式透平，工质在轮盘流道中流动时，在这三个截面上相对切向速度均几乎不变且都很小。

对于盘片间隙为0.3mm、0.5mm和1mm的盘式透平，在0°截面上，从轮盘进口到出口，相对切向速度先减小后增加，这是因为相对切向速度会因为工质对外做功而减小，后由于轮盘圆周速度减小且轮盘中压降加速气流速度，从而导致相对切向速度增加。对于盘片间隙为0.1mm的盘式透平，工质在轮盘进口区域相对切向速度为负，这是因为在该透平中，工质是以近径向流入盘片流道中的，气流相对切向速度很小，后随着工质流向轮盘出口，轮盘圆周速度减小，故相对切向速度增加，随后由于对外做功其又减小。

盘片间隙为 0.1mm 的盘式透平，相对切向速度从轮盘进口到出口沿轴向的分布均为抛物线形状，两个边界层相互干涉，且相对切向速度很小。0.3mm 的盘式透平，相对切向速度也均为抛物线形状。当盘片间隙增加到 0.5mm 甚至 1mm 时，相对切向速度沿着轴向的分布出现了流道中间平坦的形状，这说明流道中间的工质对做功几乎没有影响。这与前文中的讨论一致，即随着盘片间隙增加轮盘损失系数先减小后增加。

4.1.4　Ekman 流动

对于两个平行同心旋转的盘片之间的狭小缝隙中的流动可以划分为两个阶段，即进口段和 Ekman – Couette 流动段[122]。通常来说，在进口段由于工质进入轮盘其边界层逐渐形成，在 Ekman – Couette 流动段，边界层已充满整个盘片间隙流道中，如图 2 – 2 所示。研究表明，在 Ekman – Couette 流动段，工质的速度分布仅取决于盘片间隙、轮盘旋转角速度 ω 和工质的运动黏性系数，可以用一个无量纲参数 E_k 来表示，定义为盘片间隙的 $1/2h$ 和 Ekman – Couette 流动段的边界层厚度 δ 之比，即 $E_k = h/\delta = h/\sqrt{\nu/\omega}$。

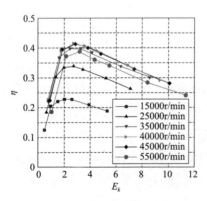

**图 4 – 6　盘式透平等熵效率与
Ekman 数的关系曲线**

由图 4 – 4 和图 4 – 5 可以看出，在盘式透平中，其内部流动也是典型的 Ekman 流动，因此其内部流动状态也是取决于 Ekman 数。以往研究表明，若盘式泵的 E_k 取得一个恰当的值，盘式泵的气动性能可达到最佳，而盘式透平在这方面的研究较少。图 4 – 6 所示为不同转速下盘式透平等熵效率与 Ekman 数的关系曲线。可以看出与盘式泵相同，盘式透平的等熵效率也随着 E_k 的增加先增加后减小，E_k 的最佳值随着转速的升高而增加。

基于本小节的研究结果，E_k 的最佳值如表 4 – 1 所示。虽然该值有可能不是最佳值，因为本节研究只计算了 7 个不同盘片间隙，但仍然对盘式透平的设计具有指导意义。在设计盘式透平时，盘片间隙的选择，可依据无量纲参数 E_k 的最佳值来选择。与盘片间隙相同，一定不能让 E_k 小于其最佳值，在其最佳值不确定的情况下，可以取稍大一些的数值。

表4-1　Ekman 数的最佳值

转速 /(r/min)	15000	25000	35000	40000	45000	55000
E_k 的最佳值	2.01	2.69	2.43	2.64	2.84	3.21

4.2　盘片半径比对单通道盘式透平气动特性的影响

本节数值计算了几种不同盘片半径比的盘式透平的流动情况，以分析盘片半径比对盘式透平气动性能及流动特性的影响，本节通过改变盘片内径以改变半径比。盘片间隙为 0.206mm，转速为 45000r/min。

4.2.1　总体气动性能

图 4-7 所示为盘式透平总体气动性能随着盘片半径比的变化曲线。随着盘片半径比的增加，盘式透平等熵效率先增后减小。盘片半径比小于 0.4 时，等熵效率的变化幅度很小（最大相差为 0.88%，相对值为 2.2%），盘片半径比大于 0.4 时，等熵效率快速降低。盘片半径比存在一个最佳值使得其等熵效率最高，在本例中其最佳值为 0.3。盘片半径比的设计值为 0.384，但其等熵效率与盘片半径比最佳值对应的最高等熵效率相差较小，相对降低了 1.8%。盘片半径比的最佳值与盘片间隙和转速的最佳值有较大不同，盘片间隙和转速对等熵效率的影响很大，在设计时裕度很小；而盘片半径比对等熵效率影响较小，只要其在某一较大的范围内，透平等熵效率不会降低很多，本例为 0.2~0.4。这也验证了本书中对等熵效率敏感性分析的重要性和准确性。

随着盘片半径比的增加，工质流量系数增加，而扭矩系数降低。比功随着盘片半径比的变化关系与等熵效率的相同，这里不再赘述。

为分析盘式透平等熵效率随着盘片半径比的变化规律，表 4-2 所示为不同盘片半径比的盘式透平各部件损失规律。随着盘片半径比增加，喷嘴损失系数增加，轮盘损失系数下降，而余速损失系数先减小后增加。需要注意的是，喷嘴与轮盘损失系数之和随着盘片半径比的增加几乎不变。具体的原因将结合透平内部流动特性详细分析。

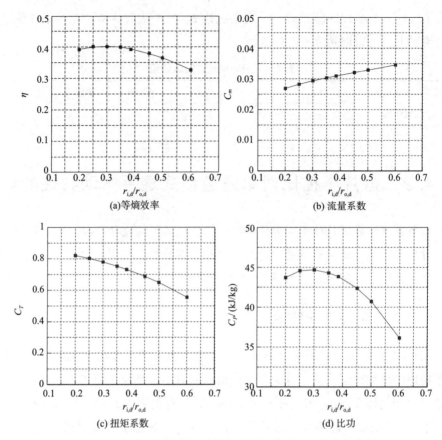

(a)等熵效率

(b) 流量系数

(c) 扭矩系数

(d) 比功

图4－7　盘式透平总体气动性能随着盘片半径比的变化曲线

表4－2　不同盘片半径比盘式透平的部件损失规律

盘片半径比	喷嘴损失系数	轮盘损失系数	余速损失系数	等熵效率	喷嘴与轮盘损失系数
0.2	0.2799	0.2353	0.1058	0.3791	0.5152
0.25	0.2922	0.2224	0.0989	0.3865	0.5146
0.3	0.3016	0.2112	0.0995	0.3878	0.5128
0.35	0.3092	0.2021	0.1037	0.3850	0.5113
0.384	0.3126	0.1974	0.1082	0.3819	0.5100
0.45	0.3215	0.1892	0.1203	0.3690	0.5107
0.5	0.3276	0.1842	0.1331	0.3551	0.5118
0.6	0.3375	0.1749	0.1700	0.3176	0.5123

4.2.2 内部流动特性

随着盘片半径比的改变，轮盘中介质压降改变，压力反动度也将发生明显变化。图4-8所示为盘式透平压力反动度随着盘片半径比的变化曲线。可以看出，随着盘片半径比的增加，透平压力反动度下降，即喷嘴中的压降增加而轮盘中的压降减小。这主要是因为随着盘片半径比增加，轮盘中的做功区域将大幅减小，轮盘中压降也将减小。

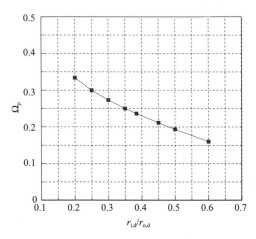

图4-8 盘式透平压力反动度随着盘片半径比的变化曲线

随着盘片半径比的增加，轮盘中的压降减小，喷嘴中的压降增加，因此其喷嘴出口的速度及马赫数增加。图4-9所示为不同盘片半径比的盘式透平在盘片流道中间截面上的马赫数云图及流线图。随着盘片半径比增加，喷嘴出口速度增加，因此工质在轮盘进口的气流角减小，且工质在轮盘进口喷嘴两侧的旋涡区域也减小，以上均与图4-9所示一致。

在盘片半径比较小的透平中，工质在流向轮盘出口时，马赫数先减小后增加，且随着盘片半径比的增加，透平出口马赫数变小；在盘片半径比较大的透平中，如盘片半径比0.6，工质在盘片流道中的流动过程中，气流马赫数一直减小。这是因为随着盘片半径比增加，轮盘中的压降减小，对工质的加速减少，且工质还未将动能充分转化为机械功就已流出。综上，透平出口马赫数及余速损失随着盘片半径比的增加先减小后增加。

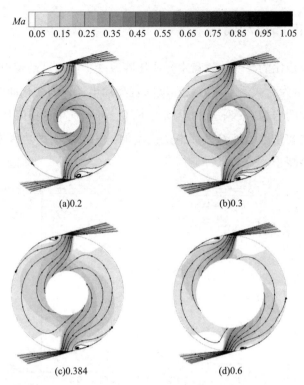

图4-9 不同盘片半径比的盘式透平在盘片流道中间截面上的马赫数云图及流线图

随着盘片半径比的增加，喷嘴中的压降增加，故工质质量流量增加；轮盘进口压力减小，工质在轮盘进口处的密度也减小；综上，透平工质流量系数增加。随着盘片半径比的增加，工质做功区域减小，流动轨迹变短，但其相对切向速度增加，因此，透平扭矩随着盘片半径比的增加先增加后减小，整体变化幅度不大；工质在轮盘进口的绝对切向速度增加，综合扭矩与速度的变化规律，扭矩系数随着盘片半径比的增加而减小。

随着盘片半径比的增加，喷嘴中的流速增加，因此喷嘴损失系数增加；盘片流道中的旋涡减小，且流动轨迹变短，轮盘损失系数减小；如图4-9所示，透平出口马赫数及出口绝对速度先减小后增加，也即余速损失系数先减小后增加。以上分析结果与表4-2的部件损失规律一致。

4.3 喷嘴数对单通道盘式透平气动特性的影响

为分析喷嘴数对盘式透平总体气动性能及内部流动特性的影响，本节数值计算了喷嘴数分别为2、4、6和8的盘式透平在不同转速下的三维流动。数值计算中，同时改变喷嘴数和喷嘴喉口面积(喉口宽度)以保证各透平模型在设计转速45000r/min下透平质量流量相等。

4.3.1 总体气动性能

图4－10所示为不同喷嘴数的盘式透平总体气动性能随着转速的变化曲线。可以看出，各盘式透平模型均存在一个转速的最佳值使得其等熵效率最高，本节中各透平模型的最佳转速均为45000r/min，也即改变喷嘴数，不会改变盘式透平的最佳转速。

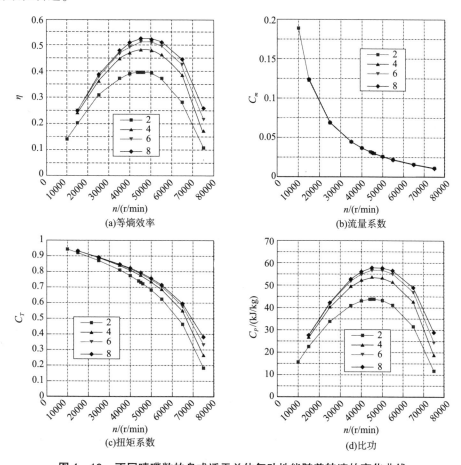

图4－10 不同喷嘴数的盘式透平总体气动性能随着转速的变化曲线

随着喷嘴数的增加，盘式透平的等熵效率、扭矩系数及比功均增加，但其增加的速度随着喷嘴数的增加逐渐减缓，而流量系数随着喷嘴数几乎不变。可以推测，当喷嘴数增加到某一较大的值，其等熵效率将不再增加。综合本章数值计算，在盘式透平的设计中若单纯考虑气动性能，推荐使用喷嘴数为 8 的透平。但在盘式透平设计中，给定工质流量，喷嘴喉口面积与喷嘴数目近似成反比，故随着喷嘴数的增加，喷嘴喉口面积大幅减小，这大大增加了喷嘴的加工难度。因此在透平设计时应综合考虑喷嘴数对透平气动性能及加工难度的影响以确定喷嘴数目。

为详细分析喷嘴数对盘式透平总体气动性能的影响机制，表 4 – 3 所示为转速为 45000r/min 时不同喷嘴数透平的各部件损失系数。随着喷嘴数增加，喷嘴损失系数大幅减小，但减小的速度随着喷嘴数的增加也在大幅降低；轮盘损失系数略有增加；余速损失系数几乎不变。表 4 – 3 中也给出了喷嘴总压损失系数，可以看出随着喷嘴数增加，喷嘴总压损失系数逐渐减小，证明了喷嘴损失系数随着喷嘴数的变化规律。轮盘损失系数及余速损失系数随着喷嘴数的变化规律在下小节中结合流场进行分析。

表 4 – 3　45000r/min 下不同喷嘴数盘式透平的各部件损失系数及喷嘴总压损失系数

喷嘴	喷嘴损失系数	轮盘损失系数	余速损失系数	等熵效率	喷嘴总压损失系数
2	0.3551	0.1560	0.1082	0.3807	0.3092
4	0.2416	0.1793	0.1045	0.4747	0.2418
6	0.1967	0.1912	0.1047	0.5074	0.2102
8	0.1836	0.1961	0.1045	0.5157	0.2003

4.3.2　内部流动特性

图 4 – 11 所示为不同喷嘴数盘式透平在 45000r/min 时在盘片间隙中间截面上的马赫数云图及流线图。随着喷嘴数增加，喷嘴喉口宽度及面积大幅减小，这是保证各喷嘴在设计转速下流量相等。随着喷嘴数的增加，喷嘴出口马赫数及气流速度增加，轮盘进口气流角减小，工质在轮盘中的相对切向速度增加且流线变长，扭矩增加。此外，流场在周向上分布更加均匀，工质在轮盘进口喷嘴两侧产生的旋涡减小。在多喷嘴的盘式透平中，工质在喷嘴中膨胀加速，在喷嘴出口速度最大，继而流入盘片流道中并以螺旋线流动，在工质流动到下游喷嘴对应的盘片流道处，工质将与下游喷嘴流入的工质混合并受其影响，气流方向将向径向偏转。

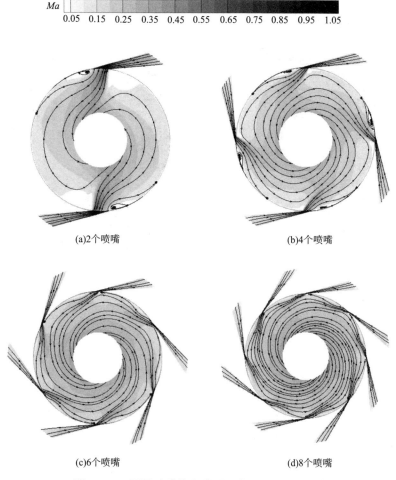

图 4 - 11　不同喷嘴数盘式透平在 45000r/min 时
在盘片间隙中间截面上的马赫数云图及流线图

图 4 - 12 所示喷嘴数为 2 和 6 的盘式透平在转速为 45000r/min 时在盘片流道中间截面上的熵分布。6 个喷嘴的透平其喷嘴中的熵增明显小于 2 个喷嘴的透平，说明喷嘴损失随着喷嘴数增加而降低，这是因为随着喷嘴数增加，喷嘴进气部分进气度减小，部分进气引起的动静腔室及喷嘴中的损失减小。在轮盘中可以明显发现，从某个喷嘴流出的工质，在轮盘中与下游喷嘴流出的工质在下游位置处发生碰撞，产生高熵增。喷嘴数大的透平在喷嘴出口熵较小，但在轮盘中熵增较大，且熵增高的区域大于喷嘴数小的透平。综上，随着喷嘴数的增加，轮盘损失系数增加。由图 4 - 12 可知：各喷嘴数透平模型在轮盘出口处马赫数几乎相同，因此其余速损失系数随着喷嘴数变化不大。

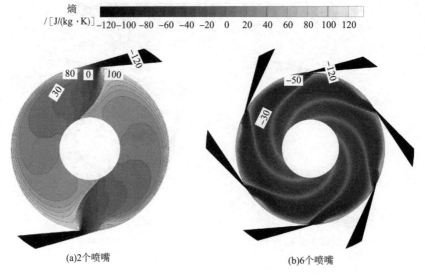

图 4-12 喷嘴数为 2 和 6 的盘式透平在盘片流道中间截面上的熵分布

4.4 本章小结

本章数值研究了结构参数，包括盘片间隙、盘片半径比及喷嘴数，对单通道盘式透平总体气动性能及内部流动特性的影响规律，揭示了透平内部流动机理及部件损失特性，主要结论如下：

（1）盘片间隙存在一个最佳值使得盘式透平等熵效率最高，且盘片间隙小于其最佳值时透平等熵效率的下降速度高于其大于最佳值时的下降速度，因此在设计时该参数不能小于其最佳值。盘片间隙较小时，相对切向速度和径向速度的轴向分布呈抛物线形，此时两个盘片面上的边界层相互干涉，带来能量损失；随着盘片间隙增加，相对切向速度呈流道中间较平坦的分布，径向速度先呈流道中间平坦分布，进一步增加后呈现 W 形分布，中间流道甚至出现反向流，表明流道中间工质不做功。

（2）盘式透平等熵效率随着盘片半径比的增加先略有增加后逐渐降低，盘片半径较小时（小于 0.4），透平效率变化值很小，可认为几乎不变，盘片半径较大时透平效率明显降低。在盘式透平设计中，可在较大的盘片半径比范围内选择合适值。

（3）在盘式透平质量流量不变的前提下，随着喷嘴数的增加，透平等熵效率、扭矩系数和比功均增加，但增加速度减缓。随着喷嘴数增加，喷嘴损失系数逐渐减小，减小速度变缓；轮盘损失系数增加，但变化值不大；余速损失系数几乎不变。在盘式透平设计中，应综合考虑喷嘴数增加时气动性能的改善和喷嘴喉口面积减小所带来的加工难度。

（4）在盘式透平设计中，首先保证转速和盘片间隙在各自的最佳值附近，且盘片间隙不能小于其最佳值；透平压比、透平进口总温、盘片半径比等只需在其较大的最佳范围内取值。确定喷嘴数时应综合考虑其对气动性能及加工难度的影响。

第5章 结构参数对多通道盘式透平气动特性的影响研究

盘式透平在实际应用中必然采用多通道结构，其与单通道透平在结构上有诸多不同。本章针对多通道盘式透平深入系统地研究了其特有的结构对总体气动性能和内部流动特性的影响，主要包括喷嘴进气结构、盘片间隙、盘片厚度、盘片外缘结构及透平排气结构，详细研究了各结构参数对气动性能的影响规律，揭示了透平内部流动特性及部件损失特性的影响机制，为多通道盘式透平的设计和应用提供理论依据。

5.1 喷嘴结构对多通道盘式透平气动特性的影响

5.1.1 研究对象与网格无关性验证

1)喷嘴结构介绍

喷嘴进气的多通道盘式透平可以根据喷嘴结构形式分为两类：一对一盘式透平和一对多盘式透平。一对一盘式透平是指一个喷嘴流道对应一个盘片流道；一对多盘式透平是指一个喷嘴流道对应多个盘片流道。图5-1所示为这两种盘式透平的纵剖面图。

对于这两种盘式透平，其喷嘴结构不同，但若其他结构和运行参数相同，那么一对一盘式透平的喷嘴喉口面积将远小于一对多盘式透平。这将导致一对一盘式透平的质量流量远小于一对多盘式透平，可以预测其功率也将小于一对多盘式透平。此外，从两种盘式透平的结构来看，可以预测一对一盘式透平的内部流动会更接近单通道盘式透平。一对一盘式透平与一对多盘式透平的结构有很大的差异，因此分别对这两种盘式透平的气动性能及流动特性进行详细的分析和对比是非常有必要的。

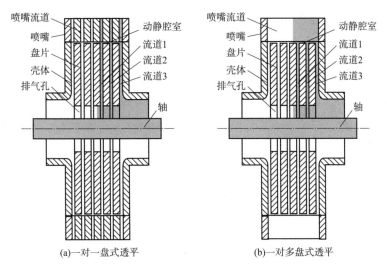

(a)一对一盘式透平　　　(b)一对多盘式透平

图5－1　不同喷嘴结构的多通道盘式透平纵剖面图

2）研究对象

本章数值分析中采用的多通道盘式透平，其主要结构参数与气动参数与第4章的单通道盘式透平相同，具体参数如表5－1所示。本章中所有的盘式透平均包含5个盘片和6个盘片通道。

表5－1　盘式透平结构及气动参数

参数	值	单位
喷嘴数	2	个
盘片外径	100	mm
盘片内径	38.4	mm
盘片间隙	0.5	mm
盘片厚度	1	mm
动静腔室径向间隙	0.25	mm
盘片数	5	个
盘片流道数	6	个
喷嘴出口几何角	10	(°)
透平压比	0.293	—
透平进口总温	373	K
转速	30000	r/min

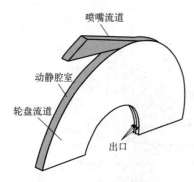

图 5-2　一对多通道盘式
透平计算域(1/4 模型)

多通道盘式透平的网格数量远多于单通道盘式透平。为了节约计算时间和计算资源，对多通道盘式透平的计算模型进行合理简化。首先，对于具有双向排气管道的多通道盘式透平根据其结构的对称性进行简化，将盘式透平模型简化为全模型的 1/2；再根据结构和流动的旋转周期性将模型进一步简化，本例中盘式透平具有 2 个喷嘴，因此在周向上简化 1/2。最终将盘式透平的全模型简化至 1/4，图 5-1 中的浅灰色区域代表简化后的计算区域。简化之后的流体域如图 5-2 所示。

3) 网格无关性验证

和第 4 章相同，本章的计算仍是借助商用 CFD 软件 ANSYS CFX 完成，网格划分采用 ICEM CFD 软件，网格划分为六面体结构化网格。透平进口给定总温总压边界条件，分别为 373K 和 345kPa，出口给定静压 101kPa。湍流模型采用 SST 湍流模型，壁面 y^+ 小于 2 以满足 SST 湍流模型的要求。动静交界面采用冻结转子法传递数据，壁面采用绝热无滑移壁面条件。

为了保证计算结果的精度，对一对多盘式透平进行了网格无关性验证研究。计算了 3 种不同网格数的透平模型，计算结果如表 5-2 所示。表中包括盘式透平的主要气动性能参数：等熵效率、质量流量和功率，以及它们的相对误差。可以看出，网格数 327 万的网格已经满足网格无关性的要求，因此本章计算中采用该套网格。本章中的其他结构将不再进行网格无关性验证，对于结构有变化的盘式透平，其网格节点做相应的调整，保证网格大小相等，以保证数值计算结果的准确性。

表 5-2　网格无关性验证结果

网格数/万	质量流量/(kg/s)	流量相对误差/%	功率/kW	功率相对误差/%	等熵效率	效率相对误差/%
172	0.03576	—	0.5960	—	0.1504	—
327	0.03562	0.393	0.5886	1.257	0.1491	0.872
657	0.03554	0.225	0.5868	0.307	0.1490	0.067

5.1.2　总体气动性能

分别对一对一和一对多通道盘式透平在不同转速下的流场进行了数值计算，图5-3所示为两种喷嘴进气盘式透平的总体气动性能与转速的关系曲线。可以看出，与单通道盘式透平相同，随着转速的升高，多通道盘式透平的等熵效率和比功均先增加后减小；流量系数逐渐降低，且降低的速度逐渐减小；扭矩系数近乎匀速减小，一对一透平扭矩系数的下降速度高于一对多透平。多通道盘式透平的最佳转速为30000r/min，远小于单通道透平的最佳转速45000r/min。

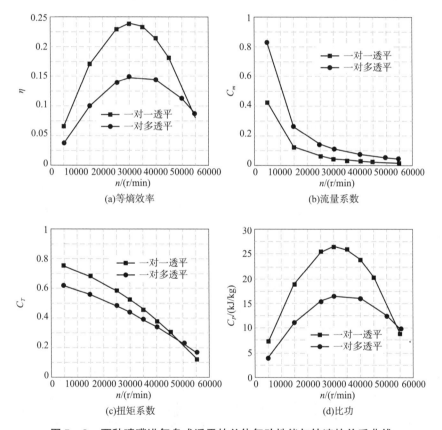

图5-3　两种喷嘴进气盘式透平的总体气动性能与转速的关系曲线

对比这两种盘式透平，可以发现一对一盘式透平的等熵效率、扭矩系数和比功均高于一对多透平，但流量系数却小于一对多透平。这是因为这两种透平只有喷嘴结构不同，其余参数均相同，而一对一透平的喉口面积小于一对多透平，因此导致更少的工质流入透平。需要注意的是，一对多透平的流量系数近似是一对一透平的 2 倍，根据流量系数的定义，它与轮盘进口气流密度与质量流量有关。实际上一对多盘式透平轮盘进口气流密度是一对一透平的 1.28 倍，而质量流量是 2.56 倍。质量流量之比 2.56 与喷嘴喉口面积之比 2.67 非常接近，因此可以推测，多通道盘式透平的质量流量基本上取决于喷嘴喉口面积。对比两种盘式透平的等熵效率曲线，可以发现，一对一盘式透平随着转速的变化速度显著高于一对多盘式透平。

盘式透平中越多的工质代表了越高的扭矩和功率，但不代表更高的扭矩系数与比功。实际上，在一对多透平中，各个盘片流道中的工质质量流量太大，导致了流动效率的降低。因此，在设计盘式透平时，质量流量不能太大，应根据流量系数选取一个合适的数值。

综上，相较于一对多盘式透平，一对一盘式透平用较少的工质获得较高的等熵效率。因此在设计多通道盘式透平时，推荐使用一对一盘式透平。

5.1.3　内部流动特性

为了分析这两种多通道盘式透平气动性能的巨大差异，本节将针对内部流场来详细分析工质在这两种盘式透平中的内部流动细节和机理。特此将 3 个盘片流道和相应的喷嘴流道命名为盘片流道 1、盘片流道 2 和盘片流道 3，相应的位置如图 5-1 所示。盘片流道 1 和盘片流道 2 是靠近轮盘内侧的流道，其盘片流道由 2 个旋转的盘片壁面组成；而盘片流道 3 是在轮盘最外侧流道，其盘片流道 3 则包含了一个旋转的盘片壁面和一个静止的转子壳体壁面。

图 5-4 所示为两种盘式透平流过各盘片流道的质量流量占总流量的百分比

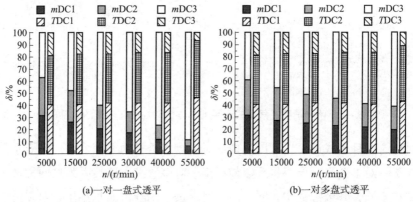

图 5-4　两种盘式透平各盘片流道的质量流量及扭矩百分比

及各盘片流道中工质对旋转轴的扭矩占总扭矩的百分比，图5-4中DC表示盘片流道(disc channel)。可以看出，对于一对一和一对多盘式透平来说，盘片流道1和盘片流道2中的质量流量百分比基本相等，且小于盘片流道3中的质量流量百分比，在高转速下尤其明显。这种现象可以通过图5-5和图5-6来分析，其分别给出了两种盘式透平在30000r/min下各流道中间截面上的马赫数云图及流线图。

如图5-5所示，在盘片流道1和盘片流道2中，工质从喷嘴中以近切向流入轮盘，靠近轮盘内侧的那部分工质进入轮盘，然后沿螺旋线轨迹通过整个盘片流道，最后流出轮盘；而轮盘外侧的那部分工质也以近切向进入轮盘，而后在离心力的作用下流入动静环形腔室中，最终从盘片流道3中流出。从喷嘴流道3中流入盘片流道3中的工质及从动静腔室流入盘片流道3中的工质一起以较大的轮盘进口气流角流入流道3。因此，流过盘片流道1和盘片流道2的工质要少于盘片流道3中的工质。相似的流动现象同样出现在图5-6中，以上的分析及结果适用于一对多盘式透平。

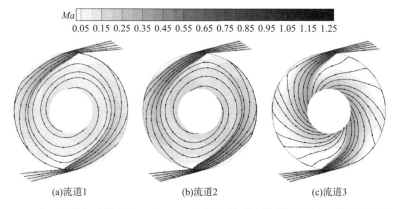

Ma 0.05 0.15 0.25 0.35 0.45 0.55 0.65 0.75 0.85 0.95 1.05 1.15 1.25

(a)流道1　　　　　　(b)流道2　　　　　　(c)流道3

图5-5　一对一通道盘式透平在30000r/min下各流道中间截面上的马赫数云图及流线图

同时，一对一盘式透平盘片流道1和盘片流道2中的质量流量百分比要远小于一对多盘式透平中的百分比，特别是在高转速下。根据上节的分析，一对多盘式透平的质量流量要远高于一对一盘式透平，这就导致一对多盘式透平中工质在轮盘进口的压力更高，轮盘进口的速度更小，流入轮盘时的进口气流角更大，如图5-5和图5-6所示。因此，相较于一对一盘式透平，一对多盘式透平中有更多比例的工质将从盘片流道1和盘片流道2中直接流出轮盘。

由图5-4还可发现，一对一盘式透平各流道流量百分比随着转速的变化量大于一对多透平中的变化量，这应该是其等熵效率随着转速变化较快的一个主要原因。此外，随着转速升高，盘片流道 1 和盘片流道 2 中的流量百分比下降，这是因为工质在轮盘进口的压力增加从而更难流入盘片流道，因此更多的工质从盘片流道 1 和盘片流道 2 中流入动静腔室再从盘片流道 3 中流出轮盘。

如图 5 - 4 所示，对于这两种盘式透平，各盘片流道中的扭矩百分比在除转速 5000r/min 和 55000r/min 之外的大多数转速下几乎相等。在大部分转速下，盘片流道 1 和盘片流道 2 的扭矩百分比约为 41.5%，而盘片流道 3 的扭矩百分比约为 17%。具体来说，随着转速升高，盘片流道 3 中的扭矩百分比略有减小（一对一透平为 16.8% ~ 17.8%，一对多透平为 16.2% ~ 16.8%）。因此，可以推测扭矩百分比与转速和喷嘴结构关系很小。盘片流道 3 的近似扭矩百分比为 17%，整个计算域有 5 个旋转盘片壁面，其平均扭矩百分比为 20%，表明盘片流道 3 壁面上的扭矩小于盘片流道 1 和盘片流道 2 的两个壁面的平均扭矩，这主要是因为盘片流道 3 中流过过多的工质从而导致较高的径向速度和较短的流动轨迹。盘片流道 3 中流过较多的工质，产生较少的扭矩，这种影响机理可以称为转子壳体壁面效应。

在转速为 5000r/min 时，各盘片流道中的流量百分比几乎相等，因此 3 个盘片流道中的流场几乎相同，且盘片流道 3 的扭矩百分比接近平均值 20%（一对一盘式透平中为 19.1%，一对多盘式透平中为 18.0%）。在转速为 55000r/min 时，由于较高的轮盘进口圆周速度和较低的轮盘进口气流速度，工质以较大的气流角进入轮盘，甚至有可能以轮盘旋转速度的反方向流入轮盘流道，即发生逆流，盘片间隙 3 中先发生逆流。在逆流区域，工质不仅不能对外做功，甚至消耗部分机械功，从而带来更大的损失。因此，盘片流道 3 中的扭矩百分比很低（一对一透平中为 6.6%，一对多透平中为 10.9%）。

如图 5 - 5 所示，一对一盘式透平各喷嘴流道中的马赫数分布相同，大小基本相等。在喷嘴流道中，工质膨胀加速，在喷嘴出口达到最大值。然后工质以一定的角度流入轮盘中（本例中是近切向）。在盘片流道 1 和盘片流道 2 中，工质马赫数沿着流线先减小后略有增大，这是因为工质在轮盘中依靠黏性做功，故切向速度会迅速减小，而后随着工质流向轮盘出口，轮盘圆周速度减小且轮盘中的压降使工质加速，从而工质速度及马赫数有较小的增加。但在盘片流道 3 中，从喷嘴流道 3 流入的工质，其速度先减小后略有提高，在其他工质的挤压下，其气流角相对较大，流动轨迹变短；而从动静腔室中流入的工质占整个流道的面积很大，这部分工质的速度一直增加，这是因为这部分的工质由于在动静腔室中有较大的损失，其流入轮盘时的速度很小，进入轮盘后，在轮盘压降的加速作用和轮盘圆周速度减小的双重影响下，气流相对速度明显增加。总体来说，盘片流道1和盘片流道2中的工质气流角较小，而盘片流道3中的工质气流角较大，因此流道1和流道2中的工质流动轨迹较流道3中长，故其扭矩较高。

在一对多式透平中出现了相似的流动现象，因此以上关于一对一盘式透平的流动分析同样适用于一对多盘式透平。两种透平中流场之间最大的区别是，一对多盘式透平的轮盘进口气流角显著大于一对一盘式透平，且透平出口马赫数也明显高于一对一透平。这是因为一对多盘式透平的工质多，故轮盘进口压力高且喷嘴出口速度低，因此轮盘进口气流角大；轮盘中的更大压降使得一对多透平的工质速度加速更多，从而出口马赫数更大。轮盘进口气流角大，从而有较多的工质从盘片流道1和盘片流道2中直接流出轮盘。对比图5－5和图5－6，从喷嘴流道1和喷嘴流道2流入盘片流道的工质，一对一盘式透平中有更多的工质流入动静腔室中，直接流出盘片流道的工质较少，说明一对一盘式透平中流道1和流道2的质量流量百分比小于一对多盘式透平中的百分比，这与图5－4中的结果一致。

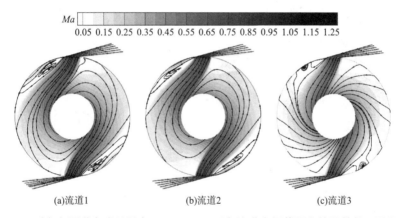

（a)流道1　　　　　　　（b)流道2　　　　　　　（c)流道3

图5－6　一对多多通道盘式透平在30000r/min下各流道中间截面上的马赫数云图及流线图

图5－6中有一个特殊的流动现象，即在轮盘进口正对喷嘴出口的区域马赫数有明显的急增现象。由图5－5和图5－6中可以看出，流道1和流道2的流场几乎完全相同，因此在以下的分析中，将不再展示出流道2的流场。图5－7所示为两种盘式透平在流道1和流道3中间截面上的压比云图。

对于一对多式透平，在马赫数急增的区域，即轮盘进口正对喷嘴出口的区域有压力急降的现象，因为当工质从喷嘴流道流入动静腔室进而流入盘片流道时，工质的通流面积先增加(周向上)再急剧减小(轴向上)，从而导致在轮盘进口处发生流速和马赫数急增的现象。周向上的面积急增相对于轴向上的面积急减对流动的改变较小。

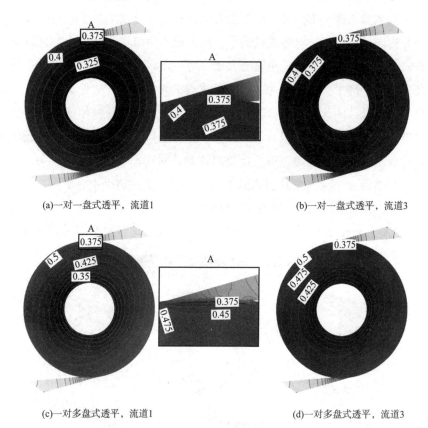

(a)一对一盘式透平，流道1 　　　　　　　　(b)一对一盘式透平，流道3

(c)一对多盘式透平，流道1 　　　　　　　　(d)一对多盘式透平，流道3

图5-7　一对一和一对多盘式透平流道1和流道3中间截面上的压比云图

　　对于一对一盘式透平，喷嘴出口处的工质压力略有增加后继续下降。这是因为：首先，工质从喷嘴流入动静腔室再流入盘片流道的过程中，通流面积先增加后减小；其次，动静腔室的径向间隙特别小，仅有0.25mm；最后，工质流过动静腔室的流速很高。因此在喷嘴出口处，气流压力先略有增加，后在轮盘流道中迅速恢复压力的持续下降趋势，对气流速度几乎没有影响。

　　此外，对于一对一和一对多盘式透平，盘片流道3中的压降均略低于盘片流道1中的压降，这从另一方面说明工质相较于盘片流道1和盘片流道2更趋向于从盘片流道3流出轮盘，故盘片流道3的工质质量流量百分比要小于盘片流道1和盘片流道2中的百分比。

由图 5 –5 和图 5 –6 中可以看出，喷嘴中的大部分工质都是从喷嘴出口直接流入盘片间隙，因此分析此区域的流场有助于提高流动效率。图 5 –8 所示为转速 30000r/min 时，0°轴截面上的矢量图和相对切向速度云图，0°位置如图 1 –1 所示。为了更清楚地展示流场，该截面包括静止域和旋转域，且仅包含了盘片流道进口段的一小部分。需要注意的是，矢量代表工质的径向速度和轴向速度，云图在静止域中代表垂直于该截面上的速度分量，在旋转域是指相对切向速度，旋转域中其为正值代表工质对外做功，若为负值则表示工质消耗外界机械功。实际上，大部分负相对切向速度出现在了静止的转子壳体壁面附近。

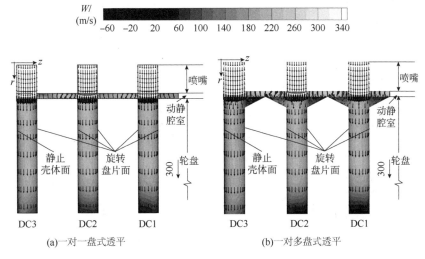

图 5 –8 两种盘式透平在 0°轴截面上的矢量图及相对切向速度云图

对于一对一盘式透平，轴向速度几乎为 0，切向速度远高于径向速度。喷嘴中的工质经动静腔室后直接流入盘片间隙，气流速度在动静腔室中靠近盘片壁面的两侧有极小的轴向偏折，同时在下游为壁面的动静腔室中有涡发生。而对于一对多透平来说，喷嘴中的部分工质已有较小的轴向速度，特别是下游为壁面的喷嘴区域的工质。在动静腔室中，工质全部流入盘片间隙中，在盘片外缘区域气流速度有明显的轴向偏折，因此在轮盘进口处有大涡发生，造成较大的能量损失。综上，一对多盘式透平中的工质进入盘片间隙要比一对一盘式透平中的工质更困难。可以推测若用尖角外缘的盘片代替钝角外缘的盘片，可以提高流动效率。

为详细分析多通道盘式透平内部流动特性与转速的关系，图 5 –9 所示为转速为 5000r/min 和 55000r/min 时一对一盘式透平各流道中间截面上的马赫数云图及流线图。可以看出，在 5000r/min 下，轮盘进口气流马赫数要远高于其他转速的马赫数，这是因为更低的轮盘进口压力和轮盘进口圆周速度。流道 1 中的轮盘进口气流角非常小，以至于工质能直接从盘片流道流出从而流入动静腔室中，但大部分工质以螺旋线轨迹流过盘片间隙并最终流出轮盘，仅有少量工质流至动静腔室。此外，在转速为 55000r/min 的盘式透平中，喷嘴出口处的工质马赫数较小，这是因为喷嘴出口压力很高；工质是以近径向流入盘片流道中，但是大部分盘片间隙中的工质在流动过程中，在离心力的作用下改变流动方向，继而流出盘片流道至动静腔室中。

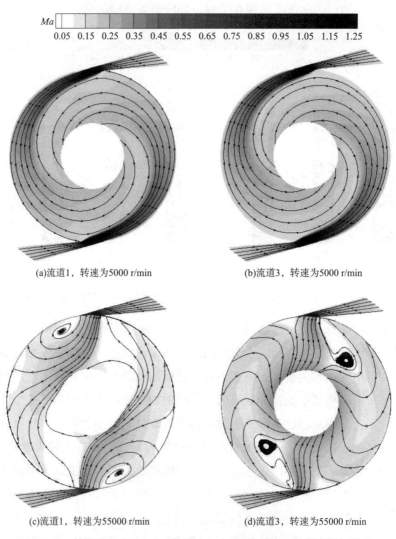

(a)流道1，转速为5000 r/min　　　(b)流道3，转速为5000 r/min

(c)流道1，转速为55000 r/min　　　(d)流道3，转速为55000 r/min

图 5-9　转速为 5000r/min 和 55000r/min 时一对一盘式透平各流道
中间截面上的马赫数云图和流线图

以上的所有流动现象可以根据工质的完全径向平衡方程来分析，径向平衡方程表示径向压力梯度、切向速度导致的离心力和径向加速度导致的径向惯性力三者之间的平衡。在常规轴向透平中，由于径向速度几乎为0，故不考虑径向惯性力这一项，则径向平衡方程只包含径向压力梯度和离心力这两项，这样的平衡方程称为简单径向平衡方程。在盘式透平中，径向速度和切向速度是一个量级，且径向速度有明显的变化，因此这一项不能省略，因此要分析的是完全径向平衡方程，如式(5-1)所示。

$$-\frac{1}{\rho}\frac{\partial p}{\partial r} = -\frac{v_\theta^2}{r} + \frac{\mathrm{d}v_r}{\mathrm{d}t} \tag{5-1}$$

式中从左到右依次为：径向压力梯度项、离心力项和径向惯性力项。

在盘式透平中，若离心力项大于径向压力梯度项，则工质的径向加速度指向盘片外缘，若相反则指向盘片中心。

在转速为5000r/min时，轮盘进口气流马赫数很高，工质是以近切向流入盘片流道中。此时径向速度指向盘片中心（向内流），切向速度很高，故其离心力很大，而径向压力梯度较小。因此，径向加速度指向轮盘外缘，且向内流的径向速度减小。当工质沿着流线流动时，由于其相对切向速度很高，在黏性摩擦力作用下工质切向速度大幅降低；工质气流角有较小的增加，因为切向速度大幅降低而径向速度也在减小，但其减小速度相对较小。因此，流道1中的工质将以螺旋线轨迹流过盘片流道直至轮盘出口，几乎没有工质从流道1中流出至动静腔室，与图5-9中一致。

在转速为55000r/min时，轮盘进口气流马赫数很小，工质进入轮盘时其气流角很大。与5000r/min相比，55000r/min时工质向内流的径向速度很高，而相对切向速度很低。在轮盘进口离心力很小而径向压力梯度很大，因此径向加速度指向轮盘中心。当工质流向轮盘出口时，半径减小，且由于相对切向速度很小，切向速度减小速度在缓慢降低。在这两个因素的共同作用下，离心力迅速增加。因此指向轮盘中心的径向加速度迅速减小至0并改变其方向，即指向轮盘外缘。同时，内流径向速度先增加后减小为0最后改变其方向，即指向轮盘外缘。综上，工质以近径向流入盘片流道，但大部分工质流出盘片流道至动静腔室中，如图5-9所示。

从本节的分析可知：喷嘴进口结构对多通道盘式透平的总体气动性能和流动特性有很大的影响。总体来说，相比一对多盘式透平，一对一盘式透平用较少的工质获得较高的等熵效率。对多通道盘式透平来说，流道1和流道2中的流动基本相同，但与流道 3 中的流动不同。盘片流道 1 和盘片流道 2 中的工质远小于盘片流道 3 中的工质，但产生了较多的扭矩。因此，可以推测如果最外侧（本例中流道 3）的盘片流道间隙小于其他盘片流道间隙，盘式透平的气动性能可能会更好。

5.2 盘片间隙与盘片厚度对多通道盘式透平气动特性的影响

第 4 章研究了盘片间隙对单通道盘式透平的影响，结果表明盘片间隙存在最佳值使得单通道盘式透平等熵效率最高。推测多通道盘式透平的等熵效率应该也随着盘片间隙的增加先增加后减小，但其对一对一和一对多两种不同喷嘴结构的盘式透平的影响机理是否有不同，此外，单通道盘式透平的研究中未考虑盘片厚度的影响，因此本节中将着重分析盘片间隙与盘片厚度对多通道盘式透平气动性能及流动特性的影响。

5.2.1 研究对象

本小节针对一对一及一对多多通道盘式透平的不同模型进行了数值计算以分析盘片间隙与盘片厚度对两种多通道透平气动性能及流动特性的影响。这两组透平模型除盘片间隙与盘片厚度不同外，其余各结构参数与运行参数均与 5.1 节中的计算模型相同，如表 5 – 1 所示。两组模型的具体结构参数如表 5 – 3 所示。为后续分析方便，将计算模型命名为"盘片厚度—盘片间隙"，如"1 – 0.5"表示盘片厚度为 1mm，盘片间隙为 0.5mm 的计算模型。

表 5 – 3　各计算模型的结构参数

一对一多通道盘式透平			
模型名称	盘片厚度/mm	盘片间隙/mm	间隙/厚度
1 – 0.3	1	0.3	0.3
1 – 0.5	1	0.5	0.5
1 – 1	1	1	1
2 – 0.3	2	0.3	0.15
2 – 0.5	2	0.5	0.25
2 – 1	2	1	0.5

一对多多通道盘式透平			
模型名称	盘片厚度/mm	盘片间隙/mm	间隙/厚度
1－0.3	1	0.3	0.3
1－0.5	1	0.5	0.5
1－1	1	1	1
2－0.5	2	0.5	0.25
2－1	2	1	0.5
2－2	2	2	1

同样为了节省计算时间和计算资源，根据模型的对称性和旋转周期性，将计算模型简化为总模型的1/4。透平进口给定总温总压条件，出口给定静压，壁面为绝热无滑移边界条件，相应的面设置为对称和旋转周期性边界条件。动静交界面采用冻结转子法，湍流模型采用 SST 湍流模型。

5.2.2　总体气动性能

1）等熵效率

图 5－10 所示为两种喷嘴结构盘式透平的等熵效率与转速的关系曲线。需要注意的是，负的等熵效率没有意义，只是表示该模型在该转速下不能对外输出有用功，且会消耗外界机械功。总体来看，一对一盘式透平的等熵效率要高于一对多透平，且一对一盘式透平等熵效率随转速的变化速度要远高于一对多透平。

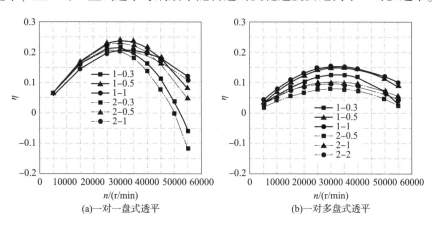

图 5－10　不同盘式透平模型等熵效率与转速的关系曲线

对于一对一盘式透平，盘片厚度对其等熵效率影响较小，盘片间隙对其有很显著的影响。具体来说，相同盘片间隙的盘式透平盘片厚度越大，其等熵效率略有下降，在高转速下下降相对较多。相同盘片厚度的盘式透平，其等熵效率在较低的转速下随着盘片间隙的增加，先增加后减小，具体来说盘片间隙为 0.5mm 的盘式透平其等熵效率最高；在高转速下时，盘片间隙为 1mm 的盘式透平其等熵效率最高。由图 5-10 中还可看出，盘片间隙越大，其等熵效率随转速的变化越慢，可以推测，在高转速下，肯定也存在一个大于 0.5mm 的盘片间隙使得透平等熵效率最高。

对于一对多盘式透平，盘片间隙和盘片厚度对其等熵效率均有显著的影响。盘片厚度大的盘式透平其等熵效率明显低于盘片厚度小的透平。此外，盘片厚度为 2mm 的透平中，盘片间隙为 1mm 的其等熵效率最高，即存在盘片间隙的最佳值使得其等熵效率最高；根据变化规律，可以推测盘片厚度为 1mm 的盘式透平也存在盘片间隙的最佳值。

因此，在设计多通道盘式透平时，推荐使用一对一盘式透平，且盘片间隙应在其最佳值附近。盘片厚度在满足材料许用应力的前提下尽可能小，尤其是一对多透平。

2）流量系数

图 5-11 所示为不同盘式透平模型流量系数与转速的关系曲线。一对多盘式透平的流量系数要明显高于一对一盘式透平。如图 5-1 所示，对于一对一盘式透平，喷嘴出口通流面积与轮盘进口通流面积之比为 1，而对于一对多盘式透平，其通流面积之比大于 1，且随着盘片厚度的增加或盘片间隙的减小通流面积之比增加。几何参数和运行参数相同的一对多盘式透平其质量流量明显高于一对一盘式透平，因为其喷嘴喉口面积更大。此外，相比于质量流量的变化，轮盘进

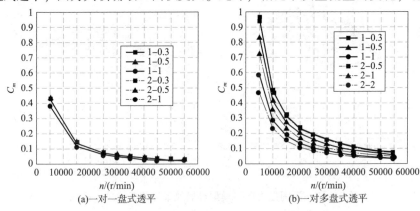

(a) 一对一盘式透平　　　　　(b) 一对多盘式透平

图 5-11　不同盘式透平模型流量系数与转速的关系曲线

口密度随着透平喷嘴形式的变化相对较小。因此一对一盘式透平的流量系数小于一对多盘式透平。

对于一对一盘式透平，相同盘片间隙盘式透平的流量系数与盘片厚度的关系不大，具体来说，随着盘片厚度的增加略有增加，特别是在高转速下。此外，盘片间隙为 0.3mm 和 0.5mm 的盘式透平其流量系数几乎相等，均高于盘片间隙为 1mm 的透平，这是因为，轮盘进口气流密度随着盘片间隙的增加而增加。

对于一对多盘式透平，盘片间隙和盘片厚度对其流量系数均有显著的影响。如上文所述，随着盘片厚度增加或盘片间隙减小，其喷嘴出口与轮盘进口通流面积之比增加，因此其流量系数也随之增加。此外，与一对一盘式透平相同，轮盘进口气流密度主要取决于盘片间隙，其随着盘片间隙的增加而增加，这进一步使得流量系数随着盘片间隙的增加而减小。

3）扭矩系数

图 5-12 所示为不同盘式透平模型扭矩系数与转速的关系曲线。相同盘片间隙的一对一盘式透平的扭矩系数几乎相等，盘片厚度大的透平其扭矩系数略有下降，在高转速下尤为明显。随着盘片间隙的增加，扭矩系数在较低转速下减小，在较高转速下增加，这也是等熵效率在不同转速下随着盘片间隙的变化规律不同的原因。

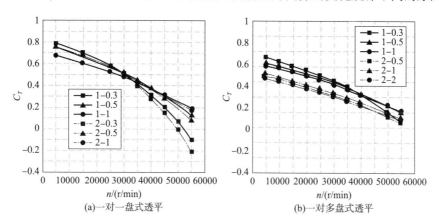

(a) 一对一盘式透平   (b) 一对多盘式透平

图 5-12 不同盘式透平模型扭矩系数与转速的关系曲线

对于一对多盘式透平，扭矩系数随着盘片厚度的增加明显降低。对于盘片厚度更大的盘式透平其工质从喷嘴流道流入盘片流道时更困难，轮盘进口气流角更大，导致切向速度更低，扭矩和扭矩系数更小。

综上，盘片厚度对一对一盘式透平气动性能的影响较小，盘片较厚的透平其等熵效率略低于盘片厚度薄的透平。此外，盘片间隙对一对一盘式透平有很大的影响，其存在最佳值使得透平等熵效率最高，且最佳盘片间隙随着转速的增加而增加，这与单通道盘式透平的结论略有不同，其主要是因为盘片厚度及壳体壁面效应的影响。

对于一对多盘式透平，盘片间隙与盘片厚度均对其气动性能有显著的影响。一对多盘式透平也存在一个盘片间隙的最佳值使得其等熵效率最高，其最佳值高于一对一盘式透平的最佳值。此外，随着盘片厚度的增加，一对多盘式透平的气动性能明显变差。

4）各流道流量与扭矩百分比

图 5-13 所示为所有透平模型在转速为 30000r/min 时各盘片流道的质量流量与扭矩百分比，各盘片流道位置与上节中的相同。对于一对一和一对多盘式透平的计算模型，盘片流道 1 和盘片流道 2 中的质量流量与扭矩百分比几乎相等，可以推测流道 1 和流道 2 中的流场几乎相同。盘片流道 1 和盘片流道 2 中的质量流量要小于盘片流道 3 中的质量流量，但其扭矩远大于盘片流道 3 的扭矩，盘片流道 3 的扭矩百分比小于 5 个旋转盘片面上扭矩的平均值 20%。

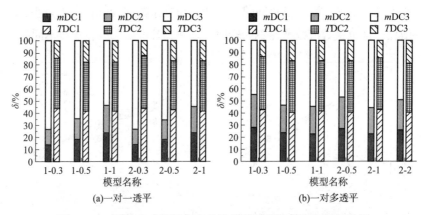

(a)一对一透平   (b)一对多透平

图 5-13 两种盘式透平各盘片流道的质量流量及扭矩百分比

对于盘片间隙相等的一对一盘式透平，各盘片流道中的质量流量和扭矩百分比分别相等，这表明盘片厚度对一对一盘式透平的流场影响很小。随着盘片间隙增加，盘片流道 1 和盘片流道 2 中的流量增加，盘片流道 3 中的减小。此外，对于盘片间隙为 0.5mm 和 1mm 的盘式透平，其盘片流道 3 中的扭矩百分比为 17%，但对于盘片间隙为 0.3mm 的透平，其为 12%。以上流动现象将在下节进行详细分析。

对于一对多盘式透平，各流道的扭矩百分比随着盘片间隙的变化关系不是固定的。对于盘片厚度为 1mm 的透平，其盘片流道 1 和盘片流道 2 中的流量百分比随着盘片间隙的增加而减小，减小趋势变缓；而对于盘片厚度为 2mm 的透平模型，其随着盘片间隙的增加先减小后增加。具体来说，透平 1-1 和透平 2-1 达到盘片流道 1 和盘片流道 2 中流量百分比的最小值。除透平 1-0.3 和透平 2-2 外，扭矩百分比随着盘片间隙和盘片厚度的变化较小，透平 1-0.3 中盘片流道 3 的扭矩百分比较小为 13.8%，透平 2-2 为 18.9%，其余透平模型约为 16%。

5.2.3　内部流动特性

（1）一对一盘式透平

1）盘片厚度的影响

为分析盘片厚度对盘式透平气动性能的影响机理，图 5-14 所示为一对一盘式透平 1-0.5 和透平 2-0.5 在 30000r/min 时流道 1 和流道 3 中间截面上的马赫数云图及流线图。同上节分析相同，流道 1 中的工质从喷嘴流道流出以近切向流入轮盘流道。在流道 1 中流入轮盘流道的部分工质，即靠近轮盘这侧的工质以螺旋线轨迹流过整个流道，最后流出轮盘，但远离轮盘那侧的工质则在离心力的作用下，流入动静腔室内，继而流入盘片流道 3，最终沿螺旋线轨迹流出轮盘，导致流过盘片流道 1 的工质明显少于盘片流道 3。与盘片流道 3 相比，盘片流道 1 中的工质气流角小，马赫数高，相对切向速度高且流动轨迹长，因此其比盘片流道 3 中的扭矩大，动量转化多。

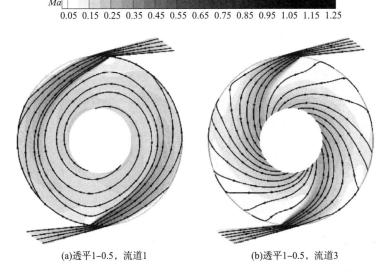

(a)透平1-0.5，流道1　　　　　　　(b)透平1-0.5，流道3

图 5-14　不同盘片厚度的一对一盘式透平流道 1 和流道 3 中间截面上的马赫数云图及流线图

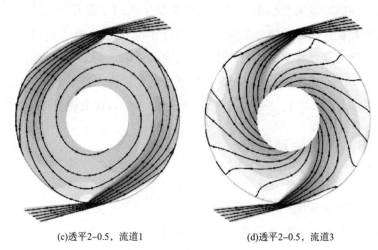

(c)透平2-0.5，流道1   (d)透平2-0.5，流道3

图5-14　不同盘片厚度的一对一盘式透平流道1和
流道3中间截面上的马赫数云图及流线图(续)

　　盘片厚度不同的透平模型其流道1和流道3中间截面上的马赫数云图与流线图几乎相等，进一步证明盘片厚度对一对一盘式透平的气动性能影响较小。

　　图5-15所示为一对一盘式透平1-0.5和透平2-0.5在0°轴截面上的相对切向速度云图及矢量图。可以看出，这两个透平在该截面上，相对切向速度远大于径向速度，轴向速度基本为零。喷嘴中的工质通过动静腔室直接流入盘片间隙，在动静腔室中靠近各盘片两壁面处轴向速度很小，同时在下游为壁面的动静腔室中有涡产生。

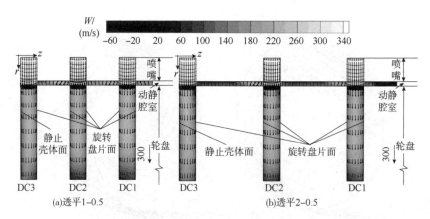

图5-15　不同盘片厚度的一对一盘式透平在0°轴截面上的相对切向速度云图及矢量图

　　对比两个透平，可以发现在该截面上其流场在大部分区域相同。仔细观察可以发现透平 1 - 0.5 盘片表面的相对切向速度梯度略高于透平 2 - 0.5，即透平 1 - 0.5 中盘片壁面的黏性摩擦力略高于透平 2 - 0.5，因此透平 1 - 0.5 中的扭矩高于透平 2 - 0.5。同时，透平 2 - 0.5 中动静腔室内的工质速度要小于透平 1 - 0.5，这将需要更多额外的能量来推动其运动。在以上两个因素的影响下，透平 1 - 0.5 的扭矩、功率和效率均略高于透平 2 - 0.5。

综上，盘片间隙相同的一对一盘式透平，其流场分布基本相似，因此其总体气动性能基本相同。具体来说，盘片厚的盘式透平其扭矩、等熵效率略低于盘片薄的透平。

2）盘片间隙的影响

为分析盘片间隙对一对一透平内部流动特性的影响，图 5 - 16 所示为不同盘片间隙盘式透平的周向平均相对切向速度与径向速度随着半径比的变化曲线，其工作转速为 30000r/min。图 5 - 16 中横坐标 1 和 0.384 分别代表了轮盘的进口和出口。

如图 5 - 16(a)所示，对于所有的透平模型盘片流道 1 中的流动，工质在轮盘进口平均相对切向速度最高，继而随着半径比的减小而减小，这是因为工质与轮盘之间有动量交换，对外做功。对于透平 1 - 0.5 和 1 - 1，随着半径比的减小相对切向速度先减小后增加，且速度拐点随着盘片间隙的增加发生得更早，即更靠近轮盘进口，这是因为随着盘片间隙的增加，轮盘上的压降增加，从而导致工质在轮盘中的增速也增加。对于透平 1 - 0.3，因为轮盘中的压降很小，因此相对切向速度随着半径比的减小一直降低。此外，随着盘片间隙的增加，平均相对切向速度在轮盘进口减小，但其在轮盘出口则增加。对于流道 3 中的流动，所有透平模型的平均相对切向速度随着工质流向轮盘出口先减小后增加，且其在任意半径位置处均随着盘片间隙的增加而增加。总体来说，盘片流道 1 和盘片流道 3 的相对切向速度之差随着盘片间隙的增加而减小。

如图 5 - 16(b)所示，对于所有透平模型在盘片流道 1 中的流动，其周向平均径向速度随着半径比的减小而降低，这似乎违背了工质的连续方程。通流面积随着工质从轮盘进口流向出口一直减小，且密度也减小，因此根据连续方程径向速度应该增加，与图中的结果是完全相反的，这是由喷嘴进气盘式透平的部分进气结构引起的。喷嘴进气盘式透平的多个喷嘴是均匀间隔布置在盘片外缘，盘片流道 1 和盘片流道 2 中的所有工质均是从喷嘴出口流入，尽管工质的通流面积随着半径比的减小而减小，但其有效通流面积由于工质扩散而增加，导致盘片流道 1 中的平均径向速度减小。

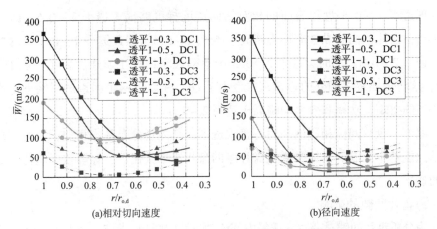

(a)相对切向速度　　　　　　　　(b)径向速度

图 5－16　不同盘片间隙的一对一盘式透平的周向平均速度随半径比的变化曲线

对于盘片流道 3，工质从整个盘片外缘流入，包括从喷嘴和动静腔室两种。从喷嘴中流入的工质其速度很大，而从动静腔室流入的工质其速度相当小。虽然盘片流道 3 的通流面积随着半径比的减小而减小，但由于从动静腔室流入盘片流道 3 中的工质气流速度极小，故其轮盘进口平均径向速度远小于盘片流道 1 中的速度，且随着气流扩散其平均径向速度略有减小。在气流继续向轮盘出口流动时，平均径向速度略有增加，这是因为轮盘中的压降加速了气流速度且有效通流面积减小。

总体来说，相对切向速度决定了扭矩及功率，其随着半径比的减小而减小，随后由于轮盘中的压降及轮盘圆周速度的减小其略有升高。此外，盘片流道 1 和盘片流道 3 之间的相对切向速度差随着盘片间隙的增加而减小。径向速度取决于质量流量，其变化规律与有效通流面积有直接关系，随着盘片间隙的增加而减小。

表 5－4 所示为不同盘片间隙的一对一透平 30000r/min 时各部件损失系数。与单通道透平相同，包含了喷嘴损失、轮盘损失及余速损失，是各部件损失与等熵焓降之比。可以看出，随着盘片间隙增加，喷嘴损失系数明显降低，余速损失系数大幅增加，而轮盘损失系数先增加后减小，但变化幅度相对很小。其变化规律将在下文进行分析。

表 5－4　不同盘片间隙一对一盘式透平的各部件损失系数

模型名称	喷嘴损失系数	轮盘损失系数	余速损失系数	等熵效率
1－0.3	0.2857	0.4196	0.0760	0.2187
1－0.5	0.1849	0.4405	0.1303	0.2443
1－1	0.1085	0.4358	0.2440	0.2117

图 5 – 17 所示为不同盘片间隙一对一盘式透平在 30000r/min 下各盘片流道中
间截面上的马赫数云图及流线图。可以看出，随着盘片间隙增加，喷嘴出口马赫
数降低，这是因为盘片间隙大的盘式透平其轮盘中压降更高，故喷嘴出口压力较
高。随着喷嘴出口速度的降低，若各透平模型在喷嘴出口气流角相等，则其轮盘
进口气流角应升高，这与图中所示不一致。因为尽管各透平模型的喷嘴出口几何
角相等，但喷嘴出口气流角还是随着模型不同而发生变化。若喷嘴中的压比(喷
嘴出口压力与进口压力之比)高于临界压比，则工质在喷嘴中发生膨胀，喷嘴斜
切部分对流动没有影响，喷嘴在喷嘴出口的流动方向由喷嘴出口几何角决定，轮
盘进口气流角近似等于喷嘴出口几何角。若喷嘴中的压比低于临界压比，工质在
斜切部分将进一步膨胀，其流动方向将向没有喷嘴壁面的那侧偏折，且随着压比
的降低，其偏折的角度越大；故工质在流入轮盘时的气流角将明显大于喷嘴出口

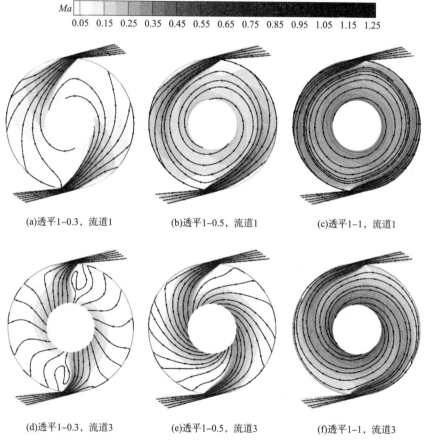

(a)透平1-0.3，流道1　　　(b)透平1-0.5，流道1　　　(c)透平1-1，流道1

(d)透平1-0.3，流道3　　　(e)透平1-0.5，流道3　　　(f)透平1-1，流道3

图 5 – 17　不同盘片间隙的一对一盘式透平在各流道中间截面上的马赫数云图及流线图

几何角，且随着压比的降低，其角度越大。对于一对一透平，盘片间隙较小时，喷嘴出口压力很低，工质在喷嘴斜切部分发生偏折，轮盘进口气流角较大，如透平 1 - 0.3 和 1 - 0.5；盘片间隙较大时，由于喷嘴出口压力很高，工质在喷嘴斜切部分没有偏折，轮盘进口气流角几乎等于喷嘴出口几何角，如透平 1 - 1。

对比流道 1 和流道 3，更多的工质从喷嘴和动静腔室流入盘片流道 3，从动静腔室流入的工质其速度很低。因此，平均切向速度和径向速度在盘片流道 3 的进口处要远低于盘片流道 1。此外还可观察到，除透平 1 - 0.3 的盘片流道 1，其余各透平在各盘片流道中的工质平均切向速度先减小后增加。盘片流道 1 和盘片流道 3 之间的流场差别随着盘片间隙的增加而减小。以上所有的流动现象均与图 5 - 16 中一致。

结合以上的流场，分析一对一盘式透平各部件损失系数与盘片间隙的关系。在多通道透平中，喷嘴损失包括黏性摩擦力引起的喷嘴摩擦损失及发生在喷嘴及动静腔室中由于通流面积突变引起的喷嘴局部损失。一对一透平的喷嘴摩擦损失随着盘片间隙的增加而降低，这是因为随着盘片间隙的增加，喷嘴流道中的边界层占整个流道的比例大幅降低且气流速度也降低(见图 5 - 17)。此外，大部分工质从喷嘴流道很快通过动静腔室流入轮盘流道(见图 5 - 15)，动静腔室对流动影响不大，故喷嘴局部损失对喷嘴损失的贡献不大。具体来说，随着盘片间隙增加，动静腔室与轮盘流道的通流面积比减小，因此喷嘴局部损失减小。总的来说，随着盘片间隙增加喷嘴损失(局部损失和摩擦损失之和)大幅降低。

随着盘片间隙的增加，盘片流道中更多的工质处于边界层以外，表示轮盘中有更多的能量损失；而发生在盘片流道中的局部损失减小。因此，在这两种因素的共同作用下轮盘损失先增加后减小。

由图 5 - 17 可明显看出，随着盘片间隙增加轮盘出口马赫数增加，即出口绝对速度和余速损失增加。以上三种损失系数的分析结果与表 5 - 4 中一致。

(2)一对多盘式透平

1)部件损失特性

根据以上的分析，对于一对多盘式透平，盘片间隙也存在一个最佳值使得透平等熵效率最高。同时，盘式透平的等熵效率随着盘片厚度的增加而降低。为详细分析盘片间隙与厚度对其气动性能的影响机理，表 5 - 5 所示为不同一对多盘式透平模型在 30000r/min 时的各部件损失系数。随着盘片间隙增加，喷嘴损失系数和轮盘损失系数下降，余速损失系数增加。随着盘片厚度增加，喷嘴损失系数略有增加，而轮盘损失系数降低，余速损失系数显著升高。以上的部件损失变化规律将在后面结合流场进行详细分析。

表5-5 一对多盘式透平模型的各部件损失系数

模型名称	喷嘴损失系数	轮盘损失系数	余速损失系数	等熵效率
1-0.3	0.0724	0.5539	0.2387	0.1350
1-0.5	0.0578	0.4574	0.3310	0.1538
1-1	0.0417	0.3936	0.4055	0.1592
2-0.5	0.0699	0.4324	0.4040	0.0937
2-1	0.0471	0.3504	0.4925	0.1100
2-2	0.0375	0.3083	0.5561	0.0981

2）盘片厚度的影响

图5-18所示为不同盘片厚度的一对多盘式透平在流道1和流道3中间截面上的马赫数云图及流线图，其工作转速为30000r/min。可以看出，透平1-0.5中喷嘴出口的马赫数略高于透平2-0.5。同时在轮盘进口正对喷嘴出口的位置处，透平2-0.5中的马赫数急增要明显强于透平1-0.5。

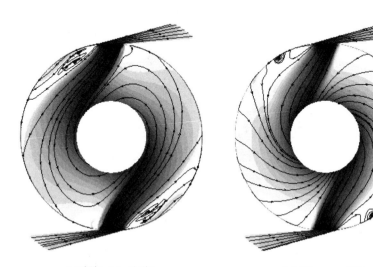

(a)透平1-0.5，流道1　　　　　(b)透平1-0.5，流道3

图5-18 不同盘片厚度的一对多盘式透平在
各流道中间截面上的马赫数云图及流线图

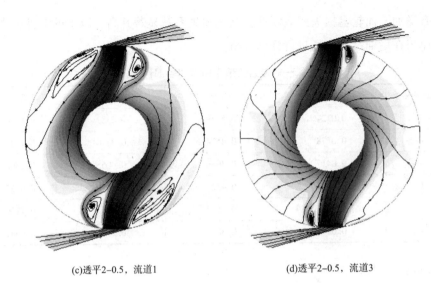

(c)透平2-0.5，流道1　　　　　　　　　(d)透平2-0.5，流道3

图5-18　不同盘片厚度的一对多盘式透平在
各流道中间截面上的马赫数云图及流线图(续)

与透平1-0.5相比，透平2-0.5在盘片流道中的气流角更大，因为在喷嘴出口处气流速度更低。透平1-0.5中工质在盘片流道中的流动轨迹更长，带来更多的动量交换。

图5-19所示为不同盘片厚度的一对多透平在流道1中间截面上的压比云图。可以看出，透平1-0.5中喷嘴出口处的压力低于透平2-0.5，这是因为其喷嘴出口与轮盘进口的通流面积比更小，透平1-0.5中喷嘴中的压降更大，故其喷嘴出口马赫数更高(见图5-18)。此外，透平2-0.5在马赫数急增的位置，压力降低比透平1-0.5更明显，这是因为工质从动静腔室流入盘片流道时，工质通流面积急降，因此其压力急降且马赫数急增；随着盘片厚度的增加，通流面积缩小更多，故其压力降低更多且马赫数增加更明显(见图5-18和图5-19)。

结合流场特性分析部件损失特性与盘片厚度的变化关系。随着盘片厚度增加，喷嘴流道中的边界层占喷嘴流道的比例减小，气流速度降低，故喷嘴摩擦损失降低。与一对一透平相比，一对多透平的喷嘴摩擦损失很小，这是因为其边界层占喷嘴流道比例很小，喷嘴摩擦损失对喷嘴总损失贡献不大。动静腔室与盘片流道的通流面积比增加，喷嘴局部损失升高。以上因素导致喷嘴损失随着盘片厚度的增加而略有增加(见表5-5)。

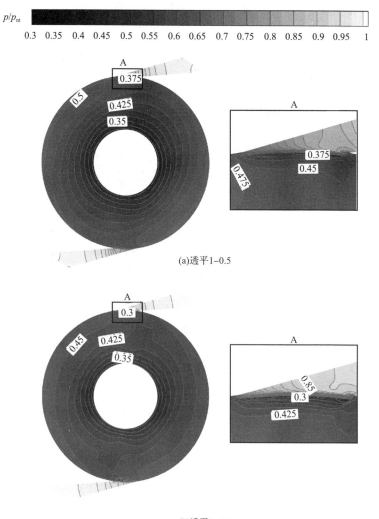

(a)透平1-0.5

(b)透平2-0.5

图5-19　不同盘片厚度的一对多盘式透平在流道1中间截面上的压比云图

随着盘片厚度增加，喷嘴喉口面积增加，流过透平的工质更多，且轮盘中的气流速度更高(见图5-18)。因此，边界层厚度更薄，盘片流道中的能量损失更小。盘片流道进口处的局部损失随着盘片厚度增加而增加。综上，轮盘总损失随着盘片厚度的增加略降低(见表5-5)。透平出口的马赫数随着盘片厚度增加而增加(见图5-18)，故余速损失也增加。

图5-20所示为不同盘片厚度的盘式透平在0°轴截面上的相对切向速度云图及矢量图。与一对一透平不同，一对多透平的工质在喷嘴出口处将发生轴向偏

折，特别是在喷嘴下游为壁面的区域。同时，在动静腔室的下游壁面上气流滞止且在盘片流道进口处产生涡，带来能量损失。动静腔室下游壁面上气流滞止及其中的涡是动静腔室中局部损失的主要来源，发生在盘片流道进口处的损失则是轮盘损失中的局部损失。

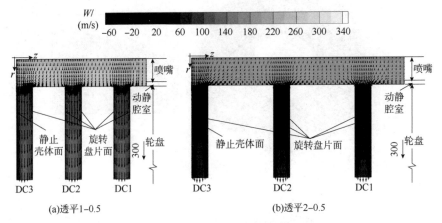

图5-20　不同盘片厚度的一对多盘式透平在0°轴截面上的相对切向速度云图及矢量图

对比透平1-0.5，透平2-0.5中的工质在喷嘴出口处的流速更低，这将导致更大的轮盘进口气流角。且轮盘进口的径向速度更高，相对切向速度更低。此外，对于透平2-0.5喷嘴中的工质更难流入盘片流道，且动静腔室及盘片流道进口处的涡增加，因此透平2-0.5中由于通流面积的改变而产生的能量损失高于1-0.5。

结合图5-18与图5-20分析各盘片流道质量流量百分比随着盘片厚度的变化关系。与透平1-0.5相比，透平2-0.5在盘片流道中的气流角更大，导致更多的工质从盘片流道1直接流出轮盘(见图5-18)。一对多透平中工质从喷嘴流道流入盘片流道时，各盘片流道流入的工质流量有明显区别。由图5-20可见，盘片流道1和盘片流道2中工质是从一个盘片流道和一个盘片厚度对应的喷嘴出口面积流入，盘片流道3只有一个盘片流道和半个盘片厚度对应的喷嘴出口面积，盘片流道1和盘片流道3的工质流入面积比随着盘片厚度的增加而增加，这也导致随着盘片厚度增加流入盘片流道1的工质流量百分比增加。在这两个因素的共同作用下，透平2-0.5中盘片流道1的质量流量百分比高于透平1-0.5，与图5-13中的结论一致。

3) 盘片间隙的影响

图 5-21 所示为不同盘片间隙一对多盘式透平在转速 30000r/min 下各盘片流道中间截面上的马赫数云图及流线图。随着盘片间隙增加，喷嘴出口马赫数升高，在轮盘进口处工质流速的急增幅度减缓。轮盘进口气流角随着盘片间隙的增加而降低，因为盘片间隙大的透平，其喷嘴出口的流速变高，这将导致轮盘中的流动轨迹更长。

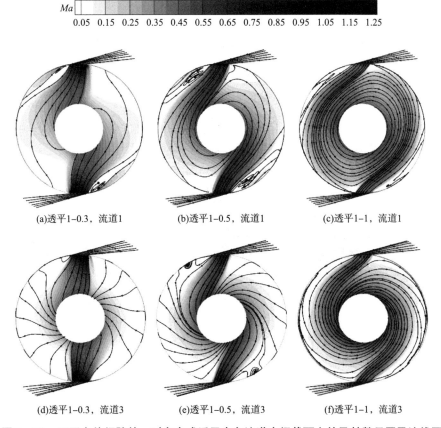

Ma 0.05 0.15 0.25 0.35 0.45 0.55 0.65 0.75 0.85 0.95 1.05 1.15 1.25

(a)透平1-0.3，流道1   (b)透平1-0.5，流道1   (c)透平1-1，流道1

(d)透平1-0.3，流道3   (e)透平1-0.5，流道3   (f)透平1-1，流道3

图 5-21 不同盘片间隙的一对多盘式透平在各流道中间截面上的马赫数云图及流线图

对于盘片厚度为 1mm 的一对多透平，随着盘片间隙增加，从盘片流道 1 中流入动静腔室的工质变少，这是因为气流角更小，从而导致通过盘片流道 1 流出轮盘的工质增加；随着盘片间隙增加，流入盘片流道 1 与流道 3 对应的喷嘴出口面积比降低，导致流入流道 1 的工质变少；在这两者的共同作用下，流道 1 中的工质质量流量随着盘片间隙增加而减小，与图 5-13 中的结果一致。

结合流场分析一对多盘式透平各部件损失系数与盘片间隙的关系。随着盘片间隙增加，动静腔室中的局部损失降低，这是因为动静腔室与盘片流道的通流面积比降低。综上分析，一对多盘式透平的喷嘴摩擦损失很小，对喷嘴损失影响很小。因此喷嘴损失随着盘片间隙的增加略有降低。

随着盘片间隙增加，盘片流道内部的流动损失增加，这是因为更多的工质处于边界层之外，对做功没有贡献。随着盘片间隙增加，盘片流道进口处的局部损失大幅降低。因此，一对多透平的轮盘损失随着盘片间隙增加大幅降低。随着盘片间隙增加，轮盘出口马赫数增加，余速损失增加，以上部件损失规律与表5-5中的结论一致。

图5-22所示为不同盘片间隙一对多盘式透平在流道1中间截面上的压比云图。可以看出，盘片间隙大的盘式透平，其喷嘴出口压力降低，喷嘴中压降增加，这是因为喷嘴出口与盘片流道的通流面积比降低。随着盘片间隙增加，工质在轮盘进口正对喷嘴出口处压力增加，导致气流速度的急增减缓。

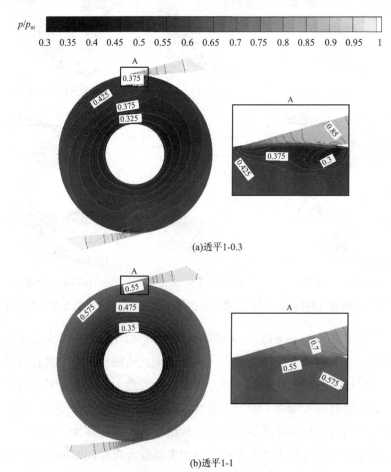

图5-22 不同盘片间隙的一对多盘式透平在流道1中间截面上的压比云图

总的来说，随着盘片厚度增加或盘片间隙减小，喷嘴流道与盘片流道的通流面积比增加，导致喷嘴出口压力升高，轮盘进口正对喷嘴出口处的工质压力降低。因此，喷嘴出口气流速度降低，轮盘进口处速度的增加更为显著。

（3）盘片间隙与盘片厚度对部件损失特性的影响

盘片厚度对一对一透平的气动性能影响很小，具体来说，等熵效率随着盘片厚度的增加略有降低。一对多透平的等熵效率随着盘片厚度的增加大幅降低，是由较大的余速损失造成的。对于一对一透平和一对多透平，等熵效率均随着盘片间隙的增加先升高后降低，盘片间隙存在最佳值使得其性能最佳。

对于一对一透平，流量系数随着盘片厚度的变化几乎不变，一对多透平的流量系数则随着盘片厚度的增加而增加。此外，一对一透平和一对多透平的流量系数均随着盘片间隙的增加而增加。一对一透平的流量系数高于相同几何结构的一对多透平。

一对一透平的喷嘴损失要远高于一对多透平，因为一对一透平的喷嘴摩擦损失很大，虽然其局部损失小于一对多透平。结合本节前文中的分析，可以推测一对一透平的喷嘴损失大部分是摩擦损失，而一对多透平其局部损失高于摩擦损失。摩擦损失随着喷嘴中的边界层占喷嘴流道比例的减小而快速降低。对于一对一透平，随着盘片间隙的增加，该比例减小；对于一对多透平，随着盘片厚度或盘片间隙的增加而减小。但一对多透平的摩擦损失很小，其对喷嘴损失影响很小。喷嘴局部损失随着动静腔室与盘片流道的通流面积比的减小而降低，即随着盘片间隙的增加或盘片厚度的减小而降低。

一对一透平的轮盘损失随着盘片间隙的增加先增加后减小，且其变化值很小。而一对多透平的轮盘损失随着盘片间隙的增加而降低，随着盘片厚度的增加略有降低。对于这两种透平，其盘片流道进口处的局部损失随着盘片间隙的增加而降低。根据局部损失随着盘片间隙的变化规律可以推测，一对一透平的局部损失小于一对多透平。

一对一透平的余速损失随着盘片间隙的增加而增加，一对多透平的余速损失随着盘片间隙与盘片厚度的增加而增加。此外，一对多透平的余速损失比相同盘片间隙与盘片厚度的一对一透平的高。

研究发现，对于一对一透平及一对多透平，其均存在盘片间隙的最佳值使得其总体气动性能最佳，且一对多透平的该值大于一对一透平。两种透平的等熵效率均随着盘片厚度的增加而降低，但一对一透平的等熵效率降低的幅度较小，而一对多透平的等熵效率有明显的降低。

5.3 盘片外缘结构对多通道盘式透平气动特性的影响

在本章前两节的数值分析中，盘片外缘没有进行倒角或倒圆的处理，是钝角结构。从上述分析可以看出，若对盘片外缘进行尖化处理，应能改善工质从动静腔室流入轮盘过程中的流动情况，提高流动效率。因此本节将针对几种易于加工的盘片外缘结构进行数值研究，以分析其对多通道盘式透平的影响。

5.3.1 研究对象

图 5-23 所示为几种不同盘片外缘结构的纵剖面示意，包括钝角和尖角，其中尖角有三种，分别为三角形、圆形和椭圆形。图中 h 为尖角高度，t 为盘片厚度。相对高度 h/t 表示盘片外缘尖化的程度，该数值越高，表示盘片尖化的程度越高。图 5-24 所示为盘片外缘为三角形的一对多透平纵剖面示意，图中的粉色区域为盘片外缘尖化之后的计算区域。本节计算的各模型如表 5-6 所示，模型名称由"透平类型 - 外缘结构类型 - 相对高度代码"，其中，OTO 和 OTM 分别表示一对一透平和一对多透平，B、T、C 和 E 依次表示盘片外缘结构为钝角、三角形、圆形及椭圆形，而相对高度代码越大表示相对高度越大。

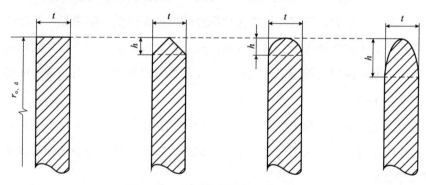

图 5-23 不同盘片外缘结构示意

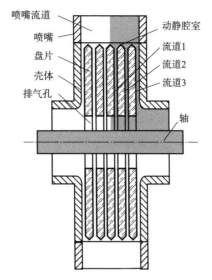

图5-24 盘片外缘为三角形的透平纵剖面示意

表5-6 各计算模型的外缘结构参数

模型	透平类型	外缘类型	h/t
OTO - B	一对一	钝角	—
OTO - T - 2	一对一	三角形	0.5
OTM - B	一对多	钝角	—
OTM - T - 1	一对多	三角形	0.2887
OTM - T - 2	一对多	三角形	0.5
OTM - T - 3	一对多	三角形	0.8660
OTM - C - 2	一对多	圆形	0.5
OTM - E - 3	一对多	椭圆形	0.8660

5.3.2 盘片外缘尖化处理的影响

1)总体气动性能

分别对盘片外缘为钝角和尖角的两种透平进行了数值计算,具体参数如表5-6所示的模型 OTO - B、OTO - T - 2、OTM - B 和 OTM - T - 2。图5-25所示为这四种透平模型的总体气动性能随转速的变化关系曲线。

由图5-25可以看出,尖角一对一透平相较于钝角一对一透平,等熵效率并没有提升,反而略有下降。而对于一对多透平,盘片外缘经尖化处理后,等熵效率有明显提升。尖角一对一透平的流量系数相较于钝角透平的变化很小，略有升高，而尖角一对多透平的流量系数则下降。盘片外缘经尖化处理后的一对一透平的扭矩系数略有下降，而一对多透平略有提升，两种透平的扭矩系数均变化很小。比功与等熵效率的变化趋势一致，这里不再赘述。

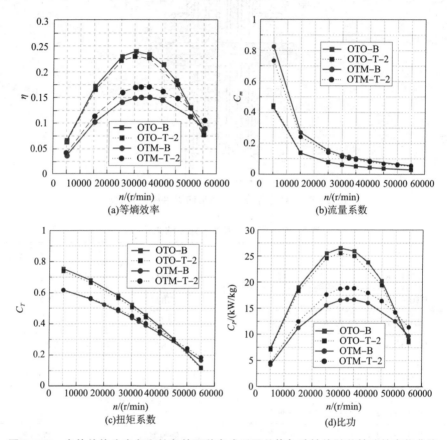

图5-25　盘片外缘为尖角和钝角的两种盘式透平总体气动性能随着转速的变化曲线

2）内部流动特性

为解释盘片外缘尖化处理之后两种盘式透平气动性能的不同变化规律，图5-26所示为转速为30000r/min时四种模型在流道1中间截面上的马赫数云图及流线图。对比图5-26(a)、(b)可以发现，尖角一对一透平和钝角一对一透平相比，其流道中间截面上的流动分布变化很小，几乎相同。仔细观察可以发现钝角一对一透平，其工质在轮盘外缘的高流速区域多于尖角透平，导致尖角一对一透平的动量交换及流动效率略小于钝角一对一透平。在尖角一对一透平的盘片流道最外侧出现了速度很小的区域，这也导致其效率有所降低。综上，尖角一对一透平的流场总体上变化很小，但局部区域变化明显，导致其等熵效率降低。

对比图 5-26(c)、(d) 可以发现，钝角一对多透平和尖角一对多透平在中间截面上的流场分布变化明显。总体来说，尖角一对多透平在盘片流道中的气流角小于钝角透平，故其相对切向速度高于钝角透平，导致尖角一对多透平的扭矩和动量交换高于钝角一对多透平。此外，相较于钝角一对多透平，尖角透平的轮盘进口喷嘴两侧的低速回流区明显减小，靠近工质流动方向侧回流区甚至消失，这在很大程度上减小了能量损失。

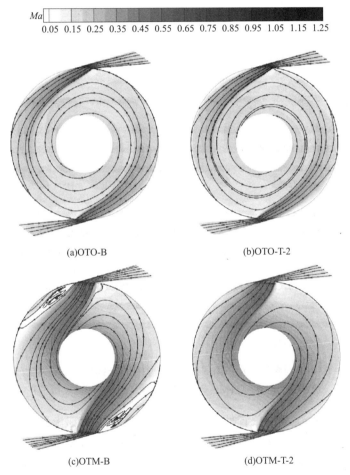

(a)OTO-B

(b)OTO-T-2

(c)OTM-B

(d)OTM-T-2

图 5-26　不同透平模型的流道 1 中间截面上的马赫数云图及流线图

图 5-27 所示为盘片外缘为钝角和尖角的一对多透平在转速为 30000r/min 时各轴截面上的相对切向速度云图及流线图。为了更清楚地展示其中的流动细节，将各云图在轴向上拉伸了 2 倍。每个分图上面的云图为盘片外缘为尖角的透平，

下面的云图为钝角透平。

在0°截面上，尖角透平的相对切向速度略高于钝角相对切向速度。在45°截面上，在盘片流道靠近进口的区域，尖角透平的相对切向速度有明显的提升，且在该区域的涡也消失。在90°和135°截面上，尖角透平均是在盘片流道的进口段其相对切向速度略有提升，且回流区也有减小。综上，在45°截面上，尖角透平的流动状况明显改善，在其他几个截面上也相应地有较小的改善，尖角透平的流动状况明显优于钝角透平，从而导致一对多尖角透平的等熵效率有明显的提升。

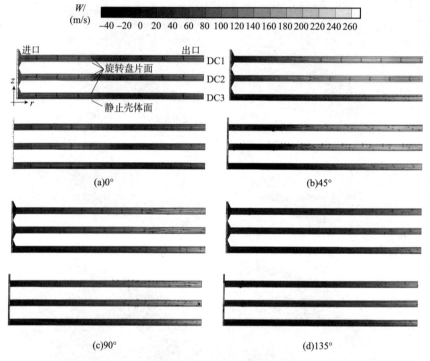

图5-27　一对多透平在不同周向位置处轴截面上的相对切向速度云图及
流线图(上图：OTM-B透平，下图：OTM-T-2透平)

一对多透平在0°周向位置处(喷嘴安装位置)轴向截面上的速度矢量图和相对切向速度云图如图5-28所示。显然，与钝角透平(OTM-B透平)相比，尖角透平(OTM-T-2透平)中喷嘴出口处气流速度相对较高。钝角透平中的工质从喷嘴偏折后流入轮盘流道，盘片外缘壁面处产生旋涡，在流过一段距离后旋涡消失。在尖角透平中，由于通流面积缓慢逐渐减小，故气流逐步改变气流方向流入轮盘流道中，在轮盘入口处没有产生旋涡。综上，对于一对多透平，盘片外缘尖化后，气流能更顺畅地流入轮盘流道，并降低能量损失。

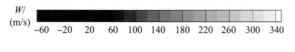

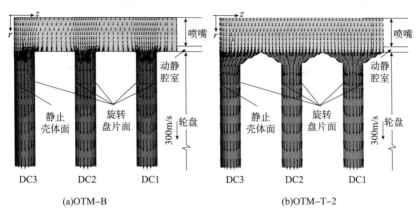

(a)OTM-B   (b)OTM-T-2

图5-28 一对多透平在0°周向位置轴向截面的速度矢量图和相对切向速度云图

图5-29所示为盘片外缘为钝角和尖角的一对一透平在转速为30000r/min时各轴截面上的相对切向速度云图及流线图。整体来看，尖角和钝角一对一透平在盘片流道的大部分区域流场变化不大，但在局部区域也有较明显的变化。首先，在各截面上，尖角一对一透平在盘片流道的进口区域产生了涡，对工质的流入没有改善，甚至有恶化。其次在除0°截面的三个截面上，在盘片外缘的进口处，尖角透平的相对切向速度相较于钝角透平略有下降。综上，尖角一对一透平的动量交换及扭矩相较于钝角一对一透平有较小的下降，因此，尖角一对一透平的等熵效率也略有降低。

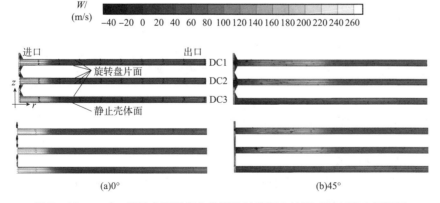

(a)0°   (b)45°

图5-29 一对一透平在不同周向位置处轴截面上的相对切向速度云图及
流线图(上图:OTO-B透平,下图:OTO-T-2透平)

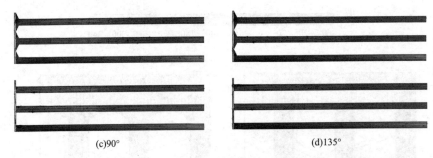

(c)90°   (d)135°

图5-29　一对一透平在不同周向位置处轴截面上的相对切向速度云图及
流线图(上图：OTO-B透平，下图：OTO-T-2透平)(续)

图5-30所示为一对一透平在0°周向位置处轴向截面上的速度矢量图和相对切向速度云图。显然，钝角透平中大部分气流从喷嘴直接流入轮盘流道，而尖角透平中，盘片外缘尖角与动静腔室形成了一个大面积的气流膨胀区域，该区域中产生了反向旋涡，从而产生额外的能量损失。

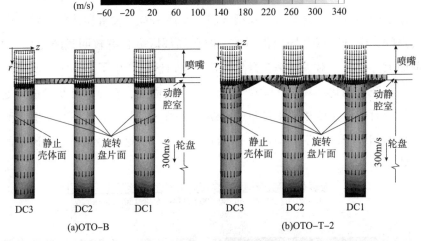

(a)OTO-B　　　　　　　　　　　　(b)OTO-T-2

图5-30　一对一透平在0°周向位置轴向截面的速度矢量图和相对切向速度云图

5.3.3　盘片外缘结构的影响

1)总体气动性能

本小节针对盘片外缘尖化处理之后有明显总体气动性能提升的一对多透平，开展了相对高度及外缘型线对透平气动性能影响的研究。数值计算了表5-6中后六种一对多透平在不同转速下的流场。这几个模型包括盘片外缘型线为三角形、圆形和椭圆形的几种结构。

图 5 - 31 所示为不同盘片外缘结构的一对多盘式透平的总体气动性能随着转速的变化曲线。可以看出，所有盘片外缘尖化处理后的一对多透平的等熵效率均高于钝角一对多透平。OTM - T - 2 和 OTM - C - 2 的等熵效率几乎相等，而OTM - T - 3 和 OTM - E - 3 的等熵效率也几乎相等，即盘片外缘相对高度相等的一对多透平，不管其外缘结构是三角形还是圆形和椭圆形等熵效率几乎相等。此外，随着相对高度的增加，其透平等熵效率也升高，但效率的升高速度随着相对高度的增加有所减缓。在盘片加工时其相对高度要考虑盘片厚度很薄，相对高度太高会增加加工难度，且盘片在旋转时的应力及形变也会大幅提升，因此盘片相对高度不宜过高。

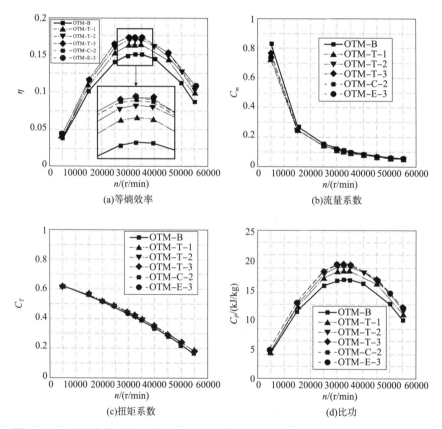

图 5 - 31 不同盘片外缘结构的一对多盘式透平总体气动性能随着转速的变化曲线

尖角外缘所有透平的流量系数明显低于钝角外缘透平，且随着相对高度增加，流量系数增加。对于相对高度相同的透平，其流量系数也几乎相等。对于尖化之后的一对多透平，其流量增加，但尖化透平在轮盘进口的工质密度远高于钝角透平的密度，从而导致其流量系数低于钝角透平。随着相对高度的增加，流量增加，轮盘进口工质密度降低，从而导致流量系数增加。尖角透平和钝角透平的扭矩系数几乎相等，在大部分转速下（高于 20000r/min），盘片外缘为三角形的透平其扭矩系数略高于相同相对高度但外缘型线为圆形和椭圆形的透平。

2）内部流动特性

根据 5.3.2 节中的分析，盘片外缘尖化之后一对多透平的气动性能提升主要是因为其改善了盘式透平的流动情况。图 5-32 所示为 30000r/min 下不同盘片外缘结构的一对多盘式透平模型在流道 1 中间截面上的马赫数云图及流线图。可以看出，相比于钝角外缘透平，尖化之后的所有透平模型在中间流道上的流场均有很明显的改善，主要表现在盘片流道外缘喷嘴两侧的低速区减小甚至消失，且其

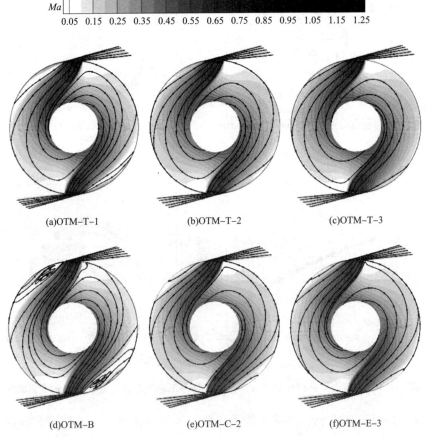

图 5-32　不同盘片外缘结构的一对多盘式透平流道 1 中间截面上的马赫数云图及流线图

在盘片流道中的气流角减小，相对切向速度增加，这两个方面的流场改进，均可提升尖角盘式透平的气动性能，主要表现在等熵效率的提升。

此外，随着相对高度的提升，盘片流道外缘的低速区减小的更多，且盘片流道中的气流角更小，相对切向速度更高，从而透平的等熵效率提升的更多。此外，透平 OTM－T－2 和 OTM－C－2 的流场基本相同，透平 OTM－T－3 和 OTM－E－3 的基本相同。总体来看，圆形和椭圆形的一对多透平在盘片流道中的加速略高于相同相对高度的三角形透平。

根据 5.3.2 节的分析，一对多透平的盘片外缘尖化之后流场改变最显著的是 45°轴截面上的流场。图 5－33 所示为 30000r/min 下不同模型的一对多透平在 45°轴截面上的相对切向速度云图及流线图。可以看出，所有尖角透平的流场均优于钝角透平，即尖化之后的任一模型中的流场均优于钝角透平。此外，随着盘片外缘相对高度的增加，流场优化的程度越高，且圆形或椭圆形的盘片外缘透平的流场均略差于三角形透平。

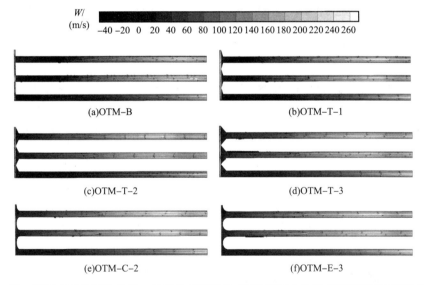

图 5－33　不同盘片外缘结构的一对多盘式透平在 45°轴截面上的相对切向速度云图及流线图

研究表明：盘片外缘尖化并不会提升一对一透平的总体气动性能，甚至会稍有恶化；但尖化处理能大幅度优化一对多透平的内部流场并提高等熵效率；随着尖角相对高度的增加，一对多透平的等熵效率越高，但增加的幅度减小。

图 5－34 所示为各盘式透平的等熵效率及等熵效率相对变化值。一对一和一对多透平的相对变化值的基准均为相应的钝角透平。显然，在盘式透平的实际应

用中，推荐使用钝角的一对一透平，和尖角相对高度更高的一对多透平。

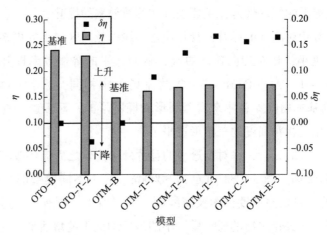

图 5-34　各盘式透平的等熵效率及相对变化值

5.4　透平排气结构对多通道盘式透平气动特性的影响

理论研究及数值模拟中通常会将实际应用的轴向排气简化为径向排气，即以轮盘上某一半径处的圆环面为出口，本节之前的理论分析及数值计算中均是径向排气。盘式透平的实际出口是盘片轴孔处附近的排气孔和排气管。在简化径向排气透平中，工质以近切向螺旋流过盘片流道，最后从圆环面中排出，轴向速度几乎为零。在实际轴向排气的透平中，工质同样以近切向螺旋流过盘片流道，流经盘片上的排气孔，最后从轴向排气管流出。相较于简化径向排气，实际轴向排气盘式透平中工质流过额外的排气孔和排气管道，会产生额外的能量损失。在以往的数值研究中，研究者通常是将透平的排气孔简化为径向排气，关于轴向排气的研究很少，部分研究中只考虑排气孔而来考虑排气管道。因此，有必要开展轴向排气结构对盘式透平气动性能的影响研究。

5.4.1　研究对象

本小节数值计算了不同转速下轴向排气的一对一和一对多两种盘式透平的内部流动，并分析和对比了径向排气和轴向排气这两种排气结构盘式透平的总体气动性能和流动特性。除排气结构不同外，轴向排气盘式透平的结构及运行参数与

5.1 节中的径向排气透平相同。排气结构主要参数如图 5 - 35 所示，需要说明的是，径向排气孔的排气半径与轴向排气透平的盘片排气孔的中径相等，且盘片流道 3 的出口是一个半径较大的圆环面。与径向排气透平相同，轴向排气盘式透平的计算模型由于结构对称性和旋转周期性简化为总模型的 1/4，图 5 - 36 所示为简化后的计算域。一对一和一对多轴向排气盘式透平的计算域分别包含 631 万和 647 万网格。透平进口同样给定总温总压条件，出口给定静压。其他的边界条件设置与径向透平相同。

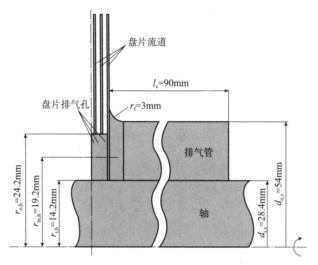

图 5 - 35　轴向排气盘式透平轮盘计算域的剖面图

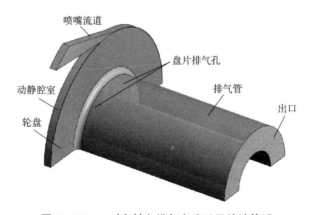

图 5 - 36　一对多轴向排气盘式透平的计算域

5.4.2 总体气动性能

图 5-37 所示为轴向和径向排气盘式透平的总体气动性能随着转速的变化曲线。需要注意的是，对于径向排气盘式透平，只有盘片表面对做功有贡献，而对于轴向排气盘式透平，盘片表面和盘片排气孔面上的扭矩都是轮盘的有效扭矩。在图 5-37 中，数据"轴向 1"表示包括盘片表面和盘片孔面两种有效做功面的气动性能，数据"轴向 2"则表示只考虑盘片表面的气动性能。

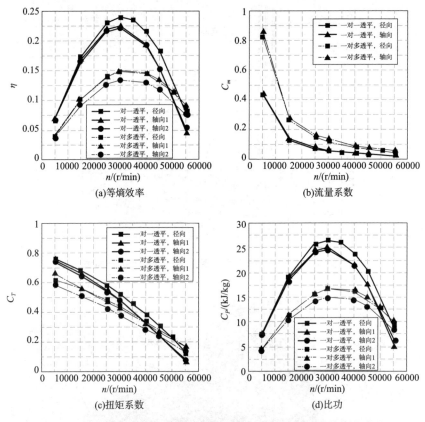

(a)等熵效率   (b)流量系数

(c)扭矩系数   (d)比功

图 5-37　不同排气结构的盘式透平总体气动性能随转速的变化曲线

与简化径向排气透平相比，实际轴向排气透平的扭矩系数、比功和等熵效率均有明显的降低(轴向 2)，这主要是由排气管中的能量损失造成的。但若考虑盘片孔面上的扭矩，一对多轴向排气透平的上述气动性能参数将会略高于径向排气透平(轴向 1)，这是因为在盘片孔表面产生了较多的扭矩；对于一对一轴向排气透平其气动性能仍小于径向排气透平，这是由于流过盘片孔的工质很小且工质速度也很少，具体的原因将在下节中分析给出。对于一对一和一对多透平，轴向排气透平的流量系数略高于径向排气透平。此外，轴向排气透平相对于径向排气透平等熵效率的下降值（轴向1）随着转速的升高而增加。

图5-38所示为轴向排气透平排气管中的总压损失系数与转速的关系曲线。总压损失系数定义为排气管中的总压损失 Δp_v 与透平进口总压 p_{nt} 之比。一对多轴向排气透平排气管中的总压损失系数小于一对一透平。此外，该系数随着转速的升高而增加，导致等熵效率的下降值随着转速的升高也增加，与前面分析一致。

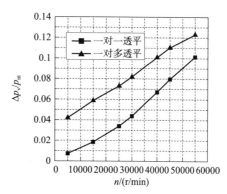

图5-38 轴向排气盘式透平排气管中的总压损失系数

5.4.3 内部流动特性

图5-39所示为轴向排气盘式透平在不同转速下各盘片流道的质量流量和扭矩百分比。轴向排气透平的质量流量百分比随着转速和透平喷嘴结构的变化规律与径向排气透平的相同，如图5-4所示，因此关于径向排气透平的定性分析和相应的结论适用于轴向排气透平，这里不再赘述。

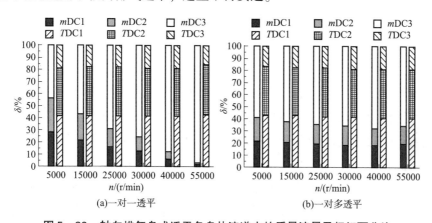

(a)一对一透平   (b)一对多透平

图5-39 轴向排气盘式透平各盘片流道中的质量流量及扭矩百分比

与径向排气透平相比，轴向排气透平盘片流道3中的流量百分比更高。这是因为盘片流道1和盘片流道2的出口通流面积(4个小的盘片孔)远小于盘片流道

3 的面积(半径很大的圆环面,见图 5 – 33),因此盘片流道 1 和盘片流道 2 中的压降远高于盘片流道 3 的压降,从而导致更多的工质从盘片流道 3 流出。不同于径向排气透平,轴向排气透平盘片流道 3 中的扭矩百分比随着转速的变化更小,且其数值有较小的升高。

图 5 – 40 所示为一对一轴向排气盘式透平在 30000r/min 时流道 1 和流道 3 中间截面上的马赫数云图及流线图。

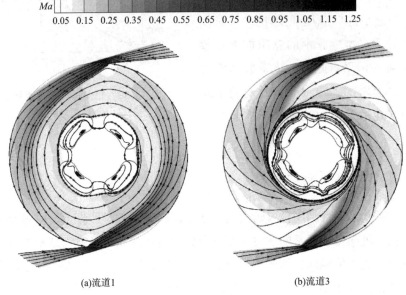

(a)流道1   (b)流道3

图 5 – 40　一对一轴向排气盘式透平在各流道中间截面上的马赫数云图及流线图

由图 5 – 40 可以看出,轴向排气透平的流线除排气孔附近区域外,其他区域与径向排气透平的流线几乎相同。工质螺旋流过盘片流道,然后轴向流进盘片孔,在轴附近产生了涡。轮盘进口马赫数相对于径向排气透平有一定的增加,但很快又下降,从而产生了更多的能量损失。在盘片孔附近的气流速度几乎为零,这是由通流面积的急速增加造成的(从盘片流道的圆环面流到 4 个盘片排气孔)。这个现象在盘片流道 3 中更为明显,因为盘片流道 3 的出口面积更大。

图 5 – 41 所示为一对多轴向排气盘式透平在 30000r/min 时流道 1 和流道 3 中间截面上的马赫数云图及流线图。与一对一透平相同,一对多轴向排气透平的流线与径向排气透平相比在大部分区域保持不变,且在排气孔处有涡产生。总体来说,与径向排气透平相比,马赫数分布变化很小,但在大部分区域马赫数略有增加。同时,对于轮盘进口喷嘴两侧速度很小的区域,盘片流道 1 中的该区域变

大，但盘片流道3中的该区域变小。此外，相较于径向排气透平，轴向排气透平在喷嘴进口处的速度急增更加明显。与一对一轴向排气透平相比，一对多轴向排气透平在排气孔位置处的马赫数增加，且涡减小。

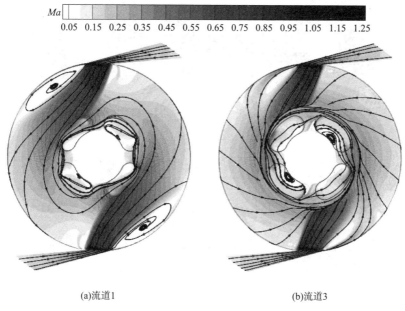

(a)流道1　　　　　　　　　　(b)流道3

图5-41　一对多轴向排气盘式透平各流道中间截面上的马赫数云图及流线图

图5-42所示为轴向排气透平在30000r/min时流道1和流道3中间截面上的压比云图。可以看出，一对一轴向排气透平与径向排气透平相比，其喷嘴出口压力略有下降，这将导致质量流量增加。一对多轴向排气透平在轮盘进口正对喷嘴出口的压比为0.3远小于径向排气透平的0.375，这将导致在该区域的流速有更明显的增加，与图5-41所示一致。

如5.4.1节所述，盘片孔面对两种轴向排气透平的气动性能有显著的影响。为深入分析该影响机理，图5-43所示为两种轴向排气透平在转速为30000r/min时位于盘片流道1和盘片流道2之间的盘片孔流道中间截面上的无量纲切向速度差 $\hat{W}$ 云图与压比 p/p_{nt} 云图。无量纲切向速度差 $\hat{W}$ 定义为相对切向速度与轮盘圆周速度之比，即 $\hat{W} = W/\omega r$。在本图中，上面两个盘片孔展示了无量纲切向速度差云图，下面两个孔展示了压比云图。

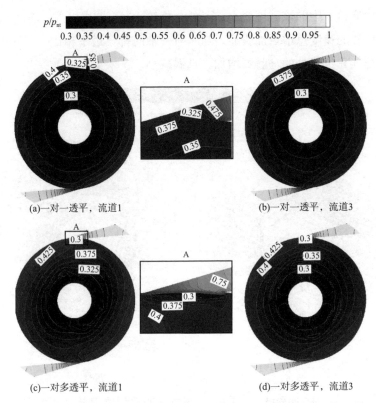

图 5-42　轴向排气盘式透平流道 1 和流道 3 中间截面上的压比云图

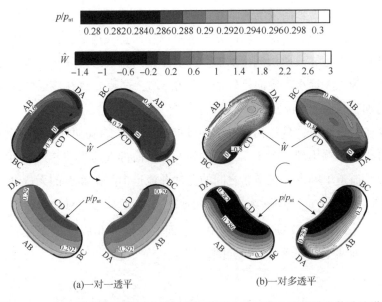

图 5-43　轴向排气盘式透平中位于盘片流道 1 和流道 2 之间的盘片孔流道
中间截面上的无量纲切向速度差与压比云图

该盘片排气孔的具体位置如图 5 – 44
所示。每个盘片孔的壁面分为四部分：
AB、BC、CD 和 DA，如图 5 – 43 和图
5 – 44 所示，且每个盘片孔壁面的四个
部分用不同的颜色表示。壁面上的扭矩
取决于作用于该面上的压力和摩擦力。
对于壁面部分 AB 和 CD，扭矩取决于摩
擦力，压力对其没有用，因为这两个壁

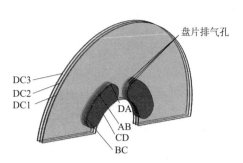

图 5 – 44　轮盘计算流体域

面部分均垂直于轴的径向方向。而对于壁面部分 BC 和 DA，摩擦力和压力对扭
矩均有贡献。

由图 5 – 43 可以看出，一对多透平靠近排气孔壁面的无量纲切向速度差远大
于一对一透平，这表示一对多透平中的相对切向速度梯度及摩擦力更大。此外，
对于一对多透平，盘片孔壁面部分 BC 上的压力远高于 DA 上的压力，说明这两
个壁面部分的压差有助于轮盘旋转；而一对一透平的盘片孔壁面部分 BC 和 DA
的压力几乎相同，因此压差几乎没有产生扭矩。综上，一对多透平盘片孔壁面上
的扭矩远高于一对一透平该部分的扭矩，这也是当考虑盘片孔时一对多透平的等
熵效率与扭矩系数明显增加，而一对一透平等熵效率增加很少的原因。

用一个例子来说明盘片排气孔壁面上的扭矩对透平气动性能的影响。一对多
盘式透平在转速为 30000r/min 时，其轮盘总扭矩为 0.1936N · m。其中盘片壁面
上的扭矩是 0.1722N · m（占总扭矩的 88.95%），盘片孔壁面上的扭矩是
0.0214N · m（占总扭矩的 11.05%）。盘片壁面 BC 和 DA 部分上的扭矩（占盘片
孔壁面上扭矩的 98.4%）远高于盘片壁面 AB 和 CD 部分上的扭矩（占盘片孔壁面
上扭矩的 1.62%）。这从一定程度上说明压差对于扭矩的贡献远高于摩擦力的贡
献。盘片面上的扭矩主要依靠摩擦力，而盘片排气孔壁面上的扭矩主要依靠压
差。因此，尽管排气孔已经位于流动的末端，但其对轴向排气盘式透平的扭矩有
很大的贡献，特别是对一对多透平。

图 5 – 45 所示为轴向排气一对一和一对多透平在 30000r/min 时的三维流线
图。可以看出，工质螺旋线流过盘片流道然后流入排气管中，最终以轴向螺旋线
流出排气管。显然，一对多透平排气管中的流速要远高于一对一透平中的流速，
且排气管中的流动轨迹也要远长于一对一透平中的流动轨迹，势必导致一对多透
平排气管中的更多的能量损失，这与图 5 – 38 的结论一致。此外，还可以明显地

发现盘片流道 1 和盘片流道 2 中部分工质流入动静腔室中最终流入盘片流道 3 中。

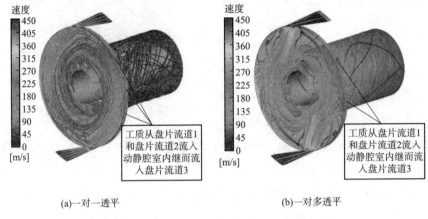

(a)一对一透平　　　　　　　　　　　　(b)一对多透平

图 5 - 45　　轴向排气盘式透平的三维流线图

通过本节的研究发现相较于径向排气透平，轴向排气透平的等熵效率降低，但流量系数略有增加。若考虑盘片排气孔对扭矩的贡献，一对多轴向排气透平的等熵效率和扭矩系数将略高于径向排气透平，而一对一轴向排气透平则仍低于径向排气透平。也就是说，简化径向排气一对一透平模拟的等熵效率高于实际透平，而一对多透平则略低于实际透平。在精确数值模拟盘式透平流场时，最好采用轴向排气盘式透平，且盘片排气孔对扭矩的贡献不能忽略。

5.5　本章小结

本章针对实际应用中的多通道盘式透平开展了总体气动性能及内部流动特性的数值研究，首先提出了两种不同喷嘴结构及多种盘片外缘结构，针对以上结构及盘片间隙、盘片厚度及透平排气结构，深入分析了其对多通道盘式透平总体气动性能的影响规律及机制，揭示了透平内部流动机理及部件损失特性，为多通道盘式透平提供了新型高效结构，主要结论如下：

（1）两种不同喷嘴结构盘式透平（一对一透平和一对多透平）的研究结果表明，相同几何结构及运行条件的一对一盘式透平等熵效率高于一对多盘式透平，其流量系数小于一对多透平。在壳体壁面效应的作用下，靠近轮盘内侧盘片流道（DC1 和 DC2）中的工质质量流量百分比远低于轮盘最外侧盘片流道（DC3），但其扭矩百分比高于 DC3。DC1 和 DC2 中的流场分布几乎相同，其轮盘中的气流角小于 DC3，因此其相对切向速度及扭矩高。与一对一透平相比，一对多透平盘片流道中的气流角大，相对切向速度小，因此，一对多透平的扭矩系数及等熵效率低。

（2）盘片厚度对一对一盘式透平的总体气动性能影响不大，随着盘片厚度增加，等熵效率略有下降；一对多透平的等熵效率随着盘片厚度的增加大幅降低，流量系数增加。两种盘式透平均存在一个盘片间隙的最佳值使得其等熵效率最高，一对一透平盘片间隙的最佳值小于一对多透平。随着盘片间隙增加，一对一透平的喷嘴损失大幅降低，余速损失快速增加，轮盘损失变化较小；一对多透平的喷嘴损失略有降低，轮盘损失减小，余速损失大幅增加。随着盘片厚度增加，一对多透平的喷嘴损失略增加，轮盘损失降低，余速损失大幅增加。

（3）盘片外缘尖化处理后，一对一盘式透平的总体气动性能略变差；一对多透平的气动性能显著提升，因为尖角盘片外缘改善了工质流入盘片流道的流动过程，盘片流道中的气流角变小，相对切向速度变高，同时工质在盘片外缘喷嘴两侧的低速区大幅减小。对于一对多盘式透平，随着盘片外缘相对高度的增加，透平等熵效率提升的越多；对于盘片外缘型线不同但相对高度相同的一对多盘式透平，其等熵效率几乎相同。

（4）对比研究了简化径向排气结构与实际轴向排气结构多通道盘式透平的气动性能及流动特性。与径向排气盘式透平相比，一对一轴向排气盘式透平的等熵效率显著下降，一对多透平的等熵效率略有提升。一对一盘式透平排气孔壁面上的扭矩很小，由于较高的排气管中损失，轴向排气透平的效率降低；而一对多盘式透平由于排气孔壁面上较大的压差和相对切向速度梯度，排气孔壁面上的扭矩较高(30000r/min 时约占总扭矩的 11.05%)，在排气管损失及盘片排气孔壁面扭矩的共同影响下，轴向排气透平的效率略有升高。

第6章 盘式透平微型化方法

随着现代能源动力技术的快速发展，微型透平在诸多领域有较大的应用前景和潜力，如便携式电源装置、微型发电装置的动力机械等。目前，微型透平主要还是常规微型透平，但常规有叶透平在微型化时会出现转速飞升的现象，且透平效率快速下降这两大难题。盘式透平由于独特的结构及做功原理可以有效解决常规透平微型化时出现的两大难题。因此，本章在盘式透平设计方法的研究基础上，基于流动相似原理提出了盘式透平整级的微型化方法，并针对微型盘式透平的总体气动性能及内部流动特性进行详细的数值研究，为微型盘式透平的发展及应用提供一种新思路和新方案。

6.1 盘式透平微型化方法

第2章推导并建立了盘式透平的理论分析模型，基于该理论分析模型提出了盘式透平的设计方法，并设计得到一盘片外径为100mm的典型结构盘式透平。第3~5章针对该盘式透平进行了系统详细的数值分析，研究了主要结构参数及运行参数对单通道和多通道盘式透平的流动特性及气动性能的影响。前几章的研究表明，影响盘式透平最重要的两个无量纲参数是轮盘进口无量纲切向速度差及Ekman数，且这两个参数均存在最佳值使得盘式透平的等熵效率最高。因此，在盘式透平微型化时首要任务就是保证这两个参数在微型化的过程中在其最佳值附近。

Guha 等[39]研究了盘片间隙内的流动相似及比例缩放准则，也包括盘式透平的微型化。在该研究中 Guha 等[39]采用白汉金 π 原理对影响盘片间隙内部流场的几个参数进行无量纲化，得到影响其流动的 7 种无量纲参数，借助这 7 种参数提出了盘片间隙内部流动的比例缩放方法。这 7 种无量纲参数分别是：盘片内外径比、盘片间隙与盘片外半径之比、轮盘进口切向速度与圆周速度之比、轮盘进口气流角、动力相似数、功率系数及压降系数。在微型化时保证前 5 个参数相同，即流动的几何相似和运动相似，即可得到相同功率系数及压降系数的盘片间隙内部流动。但需要注意的是，该方法是基于盘片间隙内部流动的相似性提出的微型化准则，未考虑盘式透平静子中的具体流动，静子与轮盘之间的流动是通过轮盘速度联系起来的。具体来说，当几何尺寸减小时，轮盘进口速度也成比例降低，这就导致静子进口处的气动参数也必然发生变化。但在实际的设计中，通常给定透平进出口参数，因此该微型化方法比较适用于盘片间隙内部流动的流动相似研究，与盘式透平在实际应用中的微型化有较大差异。本章基于流动相似原理和盘式透平内部流动特性提出了适用于实际情况下的盘式透平整级微型化设计方法。

不同于 Guha 等[39] 提出的比例缩放方法，本研究中在盘式透平微型化时进出口条件是一定的，即无论盘片外径如何变化微型化时透平进口总温总压和出口静压不变。根据相似定理，首先保证几何相似，让所有径向尺寸和周向尺寸按等比例缩放，盘片间隙的缩放应按照 Ekman 数一定来确定，盘片厚度与盘片间隙的比值在微型化时保持不变；其次，按照这样微型化后，在盘片流道中间截面上，透平对应各位置的流动参数相似；最后是动静径向间隙的确定，如果采用尺寸的等比例缩放，该参数快速降低，很快就会小于 0.1mm，对部件加工和安装提出了很高的要求且按照目前的加工装配技术很难实现，该参数暂时按照和盘片间隙一样的缩放比例进行微型化。本章的微型化是基于某个已知流动特性及气动性能的盘式透平进行的微型化设计，将该透平称为原型透平，而微型化后的透平称为模型透平。本章微型化设计方法的具体实施步骤如下：

1) 依据原型透平的几何参数和给定的微型化因子 S，计算出模型透平的相关几何参数，包括盘片外径、盘片内径、喷嘴进口处半径、喷嘴喉口宽度等，计算公式如式(6-1)所示。

$$r_m = S \cdot r_p \tag{6-1}$$

式中：下标 m 为模型参数；p 为原型参数。模型几何参数与微型化因子成正比。

2) 盘式透平在微型化时应保证轮盘进口无量纲切向速度差不变，根据该参数的定义式 $\hat{W}_{o,d} = (v_{\theta,o,d} - U_{o,d})/U_{o,d}$，若已知轮盘进口绝对切向速度，则可以求得轮盘进口的圆周速度和转速。在微型化时可认为微型化后的轮盘进口速度等于原型该速度，但实际上由于盘片间隙的微型化不是成尺寸比例增加，导致模型透平喷嘴中的损失增加，故微型化后透平的轮盘进口速度与原型透平略有差异。在初步微型化时可认为原型透平与模型透平的轮盘进口速度相等，在数值计算后根据计算结果给该速度取合适值，或者根据经验直接给定一个合适值。转速的计算公式如式(6-2)所示：

$$n_{\mathrm{m}} = \frac{60\,(v_{\theta,\mathrm{o,d}})_{\mathrm{m}}}{2\pi(\hat{W}_{\mathrm{o,d}}+1)(r_{\mathrm{o,d}})_{\mathrm{m}}} \tag{6-2}$$

由式(6-2)可以发现，在初步设计时认为轮盘进口切向速度相等时，转速与盘片半径成反比，与微型化因子 S 成反比。

3)至此大部分透平结构参数与转速已确定，但盘片间隙还未确定。根据 Ekman 数的定义式，计算得到模型透平的盘片间隙，如式(6-3)所示：

$$b_{\mathrm{m}} = b_{\mathrm{p}}\,\frac{\sqrt{\nu_{\mathrm{m}}/\omega_{\mathrm{m}}}}{\sqrt{\nu_{\mathrm{p}}/\omega_{\mathrm{p}}}} \tag{6-3}$$

其中，角速度根据上一步的计算结果已经获得，而模型的运动黏性系数与原型的略有变化，初步微型化设计时可以假定为相同，但第一次数值计算后根据计算结果取合适的数值，或根据经验直接取合适的数值。初步设计时，假定运动黏性系数不变，则模型盘片间隙与角速度也即转速的平方根成反比，也即与比例系数的平方根成反比。盘片厚度可根据盘片间隙计算得到，$t_{\mathrm{m}} = t_{\mathrm{p}}b_{\mathrm{m}}/b_{\mathrm{p}}$。

4)根据的盘片间隙可计算得到透平动静径向间隙，$(r_{\mathrm{c}})_{\mathrm{m}} = (r_{\mathrm{c}})_{\mathrm{p}}b_{\mathrm{m}}/b_{\mathrm{p}}$。

5)根据几何相似，可以获得喷嘴的喉口面积、喷嘴轴向尺寸与盘片间隙等。此外，喷嘴的出口几何角在微型化时也不变。综上，喷嘴的几何尺寸已完全确定，根据连续方程可以计算得到模型透平的质量流量。微型化后的模型透平初步认为其等熵效率等于原型透平的效率。但实际上由于盘片间隙不是按照微型化因子 S 变化，因此等熵效率应会降低。根据等熵效率和质量流量可计算得到透平功率。

至此，已得到微型化后透平的所有几何参数与总体气动性能参数。以上就是本书提出的盘式透平微型化设计方法，由于盘式透平的相关经验参数较少，因此可能需要重复两遍进行设计。表6-1所示为基于4.2.1节中盘片间隙为0.3mm，转速为43500r/min 的透平进行的微型化设计案例。

表6-1 各微型化透平的几何与气动参数

参数	单位	原型	模型1	模型2	模型3
微型化因子	—	—	0.5	0.2	0.1
盘片外径	mm	100	50	20	10
盘片内径	mm	38.4	19.2	7.68	3.84

续表

参数	单位	原型	模型 1	模型 2	模型 3
盘片间隙	mm	0.3	0.2096	0.1310	0.0920
盘片厚度	mm	1	0.6987	0.4367	0.3067
喷嘴喉口宽度	mm	3.4839	1.7420	0.6968	0.3484
动静径向间隙	mm	0.250	0.175	0.109	0.077
喷嘴进口处半径	mm	70	35	14	7
转速	r/min	43500	88000	222000	446000
透平进口总压	kPa	345			
透平进口总温	K	373			
透平出口静压	kPa	101			
轮盘进口无量纲切向速度差	—	0.31			
Ekman 数	—	2.78			
质量流量	g/s	1.2376	0.4502	0.1170	0.0420
功率	W	56.894	20.363	5.112	1.759
等熵效率	%	41.48	40.79	39.40	37.80

表 6 - 1 中的等熵效率是根据经验合理假设后取得的，功率是根据透平效率与质量流量计算得到的。由此设计案例可以发现，本书提出的盘式透平微型化设计方法简单、可行。接下来将对微型化后的三个透平开展数值计算，以分析微型化后透平的总体气动性能与流动特性。同时数值计算的结果也将用于验证微型化方法的可行性。

6.2　微型盘式透平气动热力学研究

6.2.1　单通道透平模型

采用 ANSYS CFX 软件对表 6 - 1 中的三种不同盘片外径的盘式透平模型进行不同转速下的数值计算，以分析微型盘式透平的总体气动性能及流动特性。

1）总体气动性能

图 6 - 1 所示为不同盘片外径盘式透平的总体气动性能与轮盘进口无量纲切向速度差的关系曲线。可以看出，随着盘片外径降低，也即微型化后，盘式透平

等熵效率、扭矩系数及比功均降低；而流量系数略有升高。盘片外径为 100mm 的透平其等熵效率与比功在高切向速度差时呈现下降过快的现象，已下降至与 50mm 盘片外径透平的相当水平。

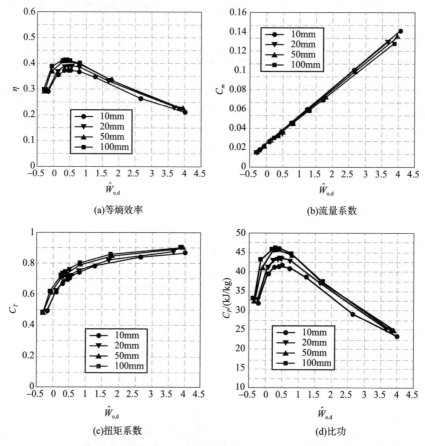

(a)等熵效率　　　　　　　　　　　　(b)流量系数

(c)扭矩系数　　　　　　　　　　　　(d)比功

图 6 – 1　不同盘片外径盘式透平的总体气动性能与轮盘进口无量纲切向速度差的关系曲线

对于不同盘片外径的盘式透平均存在最佳轮盘进口无量纲切向速度差，但随着盘片外径的降低，该值略有增加，从 0.31 增加到 0.47。此外，盘式透平在高效率区变化较为平缓，这对盘式透平设计和运行都是有利的。由图 6 – 1 可以看出，切向速度差的设计值 0.31 处于透平高效率的范围内。

表 6 – 2 所示为设计转速下不同盘片外径盘式透平的气动性能理论值与数值分析结果的对比。可以看出，各气动性能参数的理论值与 CFD 结果存在差异，该差异的主要来源是对微型透平等熵效率的预估，因此有必要进行大量试验和数值分析积累预测经验。随着盘片外径的减小，质量流量大幅降低、功率降低、透

平效率降低。这是因为随着尺寸降低，通流面积大幅降低，因此质量流量和功率降低。透平等熵效率降低的原因主要是：动静腔室的径向间隙与盘片外径之比（相对动静径向间隙）微型化后逐渐增加，盘片外径从 100mm 降低到 50mm、20mm 和 10mm，该比值分别从 0.005 升高到 0.007、0.0109 和 0.0154，气流从喷嘴流出经过动静腔室最终进入盘片间隙流道中，在这个过程中，高速气流在动静腔室中扩散，流入盘片间隙时气流速度减小且气流角增加（与切向夹角）。随着盘片外径降低，相对动静径向间隙增加，工质在动静腔室中扩散更加严重且能量损失更大，因此导致透平等熵效率降低。下节将根据流场情况结合流动机理详细分析盘片外径对等熵效率的影响。

表 6-2　不同盘片外径盘式透平在设计转速下气动性能理论值与 CFD 结果对比

盘片外径/ mm	设计转速/ (r/min)	质量流量/(g/s)		功率/W		效率/ %	
		理论值	CFD 结果	理论值	CFD 结果	理论值	CFD 结果
100	43500	—	1.2376	—	56.894	—	41.48
50	88000	0.4502	0.4514	20.363	20.454	40.78	40.89
20	222000	0.1170	0.1186	5.112	5.099	39.40	38.81
10	446000	0.0420	0.0425	1.759	1.748	37.80	37.10

表 6-3 所示为不同盘片外径盘式透平在最佳转速下的各气动性能参数。由表 6-2 和表 6-3 可以发现，微型化后透平的最佳转速小于设计转速（最大相对误差为 7.7%）。随着盘片外径减小，最佳转速对应的最佳轮盘进口无量纲切向速度差增加。表 6-3 最后一列所示为各透平在效率高于最高效率 99% 时对应的切向速度差范围，对于所有微型透平，设计转速下该参数为 0.31，均在这个范围内，可以认为该微型化方法合理。随着盘片外径的减小，该切向速度差增加，给微型化设计方法提供了理论指导，在以后的盘式透平微型化设计中，随着盘片外径的降低，可以适当地提高轮盘进口无量纲切向速度差。

表 6-3　不同盘片外径盘式透平在最佳转速下的各气动性能参数

盘片外径/ mm	最佳转速/ (r/min)	质量流量/ (g/s)	功率/W	效率/%	最佳切向 速度差	切向速度 差范围
100	43500	1.2376	—	41.48	0.31	0.21~0.50
50	85000	0.4530	20.590	41.01	0.39	0.26~0.52
20	205000	0.1195	5.200	39.27	0.47	0.31~0.65
10	415000	0.0429	1.779	37.42	0.47	0.31~0.66

2) 内部流动特性

本小节结合流场细节图研究了不同微型透平在各自转速下的流动特性,从而分析了微型盘式透平总体气动性能的变化规律。

图 6 - 2 所示为不同盘片外径盘式透平在各自设计转速下流道中间截面上的压比云图。可以看出,压比分布几乎不变,均是在喷嘴中膨胀加速,压力降低,在喷嘴喉口处压力变化剧烈,流入轮盘之后工质进一步膨胀加速并依靠黏性做功。此外,随着盘片外径减小,喷嘴出口和轮盘进口处压力升高,喷嘴中压降降低,轮盘中压降升高。

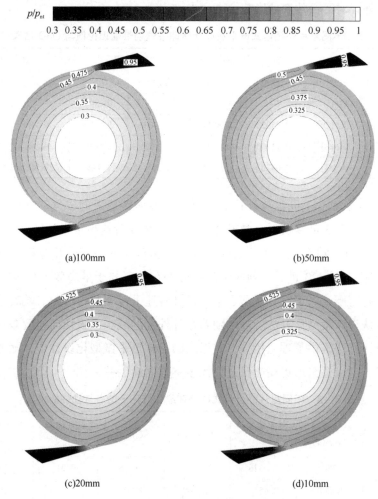

图 6 -2　不同盘片外径盘式透平在各自设计转速下的压比云图

由图6-2可知：随着盘片外径降低，喷嘴中压降降低。根据气流速度计算式可知此时喷嘴出口速度应该减小，但实际上喷嘴出口气流速度反而升高。这是因为喷嘴的轴向尺寸等于盘片间隙，轴向尺寸降低的速度小于喷嘴长度降低的速度，故喷嘴沿程摩擦阻力减小，喷嘴出口气流速度增加，如图6-3所示。

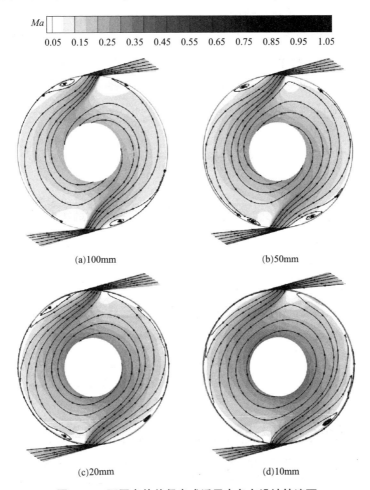

图6-3 不同盘片外径盘式透平在各自设计转速下
流道中间截面上的马赫数云图及流线图

此外，可以明显观察到相对动静径向间隙随着盘片外径降低不断增加，图中轮盘最外侧有一圈马赫数很小的区域，在这个区域外侧马赫数较大的区域即表示动静腔室，这一马赫数突变现象主要是由轮盘转速的影响产生。随着盘片外径的减小，由喷嘴出口流入轮盘的气流角减小，流动轨迹变长。但由于相对动静径向间隙增加，喷嘴出口的高流速工质在动静腔室中扩散导致在轮盘外侧的低气流速度区域的速度更小。随着盘片外径的减小，轮盘出口马赫数增加，而轮盘出口圆周速度变化很小，因此工质在透平出口的绝对速度增加，余速损失增加。综上可知，随着盘片外径降低，喷嘴损失减小，余速损失增加。

不同盘片外径盘式透平在其设计转速下不同径向位置处轴向截面的马赫数云图如图6－4所示。为更清晰地展示，云图在轴向上拉伸至5倍。在0°位置处(喷嘴安装位置)的轴向截面上，从轮盘流道的入口到出口气流马赫数先降低后升高，主要是受到能量转化和轮盘中压降的双重作用。对盘片外径减小，气流马赫数变化的转折点提前，主要是轮盘中压降更高的原因。在90°位置处的轴向截面上，从轮盘入口到出口气流马赫数一直升高，升高的速度随着盘片外径的降低而升高。

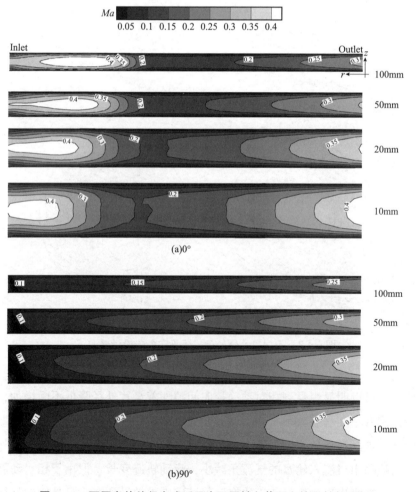

图6－4　不同盘片外径盘式透平在不同轴向截面上的马赫数云图

图 6-5 所示为不同盘片外径盘式透平在设计转速下的各部件熵增曲线。熵增表征了能量损失的大小，熵增越高能量损失越大。随着盘片外径的降低，喷嘴熵增降低，动静腔室熵增升高，二者之和也即静子熵增降低，且降低速度减缓；轮盘熵增升高；透平中总熵增，包括静子中熵增和轮盘中熵增，先减小后增加；透平中的总熵增随着盘片外径的变化变化很小。结果表明：随着盘片外径减小，静子损失降低，轮盘损失升高，余速损失也增加，从而导致单流道盘式透平微型化时等熵效率降低。

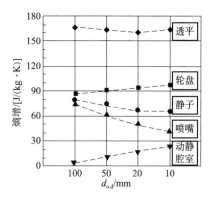

图 6-5 不同盘片外径盘式透平在设计转速下的各部件熵增曲线

6.2.2 微型多通道盘式透平研究

1）总体气动性能

上两节的分析结果表明，理论分析中常用的盘式透平单通道结构在微型化后质量流量和功率大幅降低，等熵效率有小幅度的下降。本节将分析微型化对实际应用的多通道盘式透平的影响。一对一多通道透平和一对多多通道透平的变化规律基本一致，因此本节将只针对微型化后的一对一多通道盘式透平的总体气动性能进行数值研究。数值计算方法与第 5 章中相同，根据流动及结构的轴向对称性及周向旋转周期性将整个透平模型简化为实际模型的 1/4。

多通道盘式透平的其他结构参数与单通道的相同，唯一改变的是盘片数。为了保证各不同盘片外径盘式透平的质量流量相同，盘片数有较大的差别。当盘片外径从 100mm，下降到 50mm，20mm，盘片数从 5，增加到 16 和 65。显然，盘片外径降低，盘片数和盘片间隙数相应增加，轮盘的轴向尺寸增加，但轮盘的总体积仍然在减小，即盘式透平仍是微型化趋势。

第 4 章和第 5 章的研究表明，相同结构参数及运行参数的单通道透平及多通道透平其最佳转速不相等，对于 6.2 节中盘片外径为 100mm 的透平，分别为 43500r/min 和 30000r/min。本节中依照相同的转速关系，数值模拟了盘片外径为 50mm 和 20mm 的多通道盘式透平在转速分别为 58620r/min 和 141380r/min 下的流场。

表 6-4 所示为微型多通道盘式透平的总体气动性能。轮盘体积是以盘片侧

面为底，轮盘轴向长度为高的圆柱体的体积。可以看出，三种盘片外径降低时，轮盘轴向长度增加，但轮盘体积减小。随着盘片外径及轮盘体积降低，多通道盘式透平的质量流量基本相同，变化差在1.1%以内（相对微型化前100mm的透平），多通道盘式透平的等熵效率和功率大幅增加。综上，在微型化后，盘式透平等熵效率增加。

表6-4　微型多通道盘式透平的总体气动性能

盘片外径/mm	盘片数/个	轮盘轴向长度/mm	轮盘体积/mm³	转速/(r/min)	质量流量/(g/s)	功率/W	等熵效率/%
100	5	6.800	53407	30000	7.919	188.36	21.46
50	16	13.834	28947	58620	7.881	268.70	30.78
20	65	37.032	11634	141380	8.066	287.82	32.21

2）内部流动特性

第5章的研究表明，多通道盘式透平相对单通道透平效率降低的原因，主要是盘片厚度及壳体壁面效应。具体来说，盘片厚度的存在使得工质从喷嘴流入轮盘的过程更加困难，在动静腔室内及轮盘外缘处产生较大的能量损失。壳体壁面效应使轮盘中间盘片流道中的部分工质经动静腔室流向轮盘最外侧的盘片流道，导致大部分的工质不能充分地用于做功。盘式透平微型化后，盘片数及盘片流道数增加，因此可以推测盘片流道数增加后，轮盘内侧盘片流道的工质流入轮盘最外侧流道的工质比例减小，由此带来的能量损失减小。

仔细研究各盘片流道中的流量百分比和扭矩百分比，以分析不同尺寸盘式透平各盘片流道中流场的不同。表6-5所示为各多通道盘式透平在各盘片流道内的质量流量百分比和扭矩百分比。最外侧盘片流道是指轮盘中最靠近壳体的盘片流道，如第5章中的DC3，该盘片流道包含一个盘片面，一个壳体面。内侧各盘片流道是指除最外侧的盘片流道之外的所有流道，如第5章中的DC1和DC2，这种盘片流道包含两个盘片面。百分比是指各盘片流道的质量流量和扭矩占计算模型总流量和总扭矩的百分比。内侧各盘片流道的百分比不是一个恒定值，但其变化范围较小。从具体的数据分析发现，离最外侧盘片流道越近，其质量流量百分比越小，说明从该盘片流道流入最外侧盘片流道的工质越多。可以看出，内侧各盘片流道的扭矩百分比的变化范围小于质量流量百分比的变化范围。

表6-5　多通道盘式透平各盘片流道内的质量流量百分比和扭矩百分比

盘片外径/mm	质量流量百分比/%			扭矩百分比/%			
	最外侧盘片流道	内侧各盘片流道	各盘片流道理论值	最外侧盘片流道	最外侧流道理论值	内侧各盘片流道	内侧各流道理论值
100	74.03	12.84~13.13	33.33	14.00	20.00	42.99~43.01	40.00
50	31.48	8.64~9.45	11.76	4.61	6.25	12.36~12.89	12.50
20	7.61	2.55~2.96	3.03	1.21	1.54	2.97~3.15	3.08

与第5章研究结果相同，与内侧盘片流道相比，最外侧盘片流道流过更多的工质，但其扭矩百分比却最小，低于其应有的理论平均值，因此最外侧盘片流道的低流动效率拉低了整个透平的流动效率。如表6-5所示，随着盘片外径降低，盘片流道数大幅增加，轮盘内侧各盘片流道质量流量百分比更接近其理论平均值，也即内侧盘片流道的流动情况更接近相同情况下的单通道透平的流动，受最外侧盘片流道的影响更小，故透平的等熵效率提升。需要注意的是，部分内侧流道中的扭矩百分比小于相应的扭矩百分比理论值，其均靠近轮盘外侧盘片流道，因为该流道内流量百分比虽小于相应的理论值，但内侧流道的部分工质也流入该流道中，影响流场情况，降低流动效率。

图6-6所示为微型化后多通道透平及相应单通道透平在不同盘片流道中间截面上的马赫数云图及流线图，左、中、右图分别为多通道盘式透平最内侧盘片流道、最外侧盘片流道及单通道盘式透平流道。单通道的流场图是其各自最佳转速下的流场图。

对比相同盘片外径的透平可以发现，多通道透平的喷嘴出口马赫数高于单通道透平，是因为多通道透平的转速低于单通道透平的转速，从而导致其喷嘴出口压力降低；另外，由于动静腔室的存在，在动静腔室与轮盘间存在面积突变，也会导致喷嘴出口处压力略有下降。由于多通道透平喷嘴出口速度相对单通道透平的高，因此工质在其内侧盘片流道中的速度较高，气流角较小，流动轨迹较长。最外侧由于在轮盘的整个周向均有气流流入，流动轨迹有较大的变化，与单通道透平的流动没有可比性。此外还可发现，单通道透平中工质从喷嘴出口流入轮盘时在轮盘进口喷嘴两侧形成低速区，并在轮盘旋转方向同侧产生旋涡，但是在多通道盘式透平中这个旋涡区会消失，这是因为多通道透平的工质在这个区域虽然速度低，但这些低速气流会通过动静腔室流入外侧盘片流道，不会在这个区域产生旋涡，而单通道透平中该区域的低速工质没有其他区域可以流动，最终在该处产生旋涡。

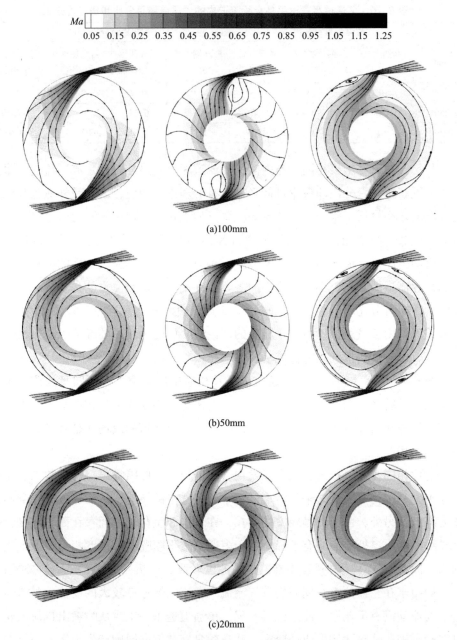

(a)100mm

(b)50mm

(c)20mm

图6-6 微型多通道透平及相应单通道透平在不同盘片流道中间截面上的马赫数云图及流线图(左图:多通道透平最内侧流道;中图:多通道透平最外侧流道;右:单通道透平)

综合对比各分图可以发现,不同盘片外径的盘式透平,最外侧盘片流道中的工质流动情况与最内侧盘片流道中的差别均很大。最内侧流道中的一部分工质从盘片流道中螺旋流出，而另一部分从动静腔室中流出；最外侧流道中的工质则包含了从喷嘴中流入的工质及从动静腔室中流入的工质。随着盘片外径降低，最内侧流道中流向动静腔室的工质占该流道中从喷嘴流出的所有工质的比例减小，如图6-6所示，这一现象也与表6-5中的结果一致。这主要是因为随着盘片外径减小，盘片数和盘片间隙数增加，最外侧流道的存在对内侧流道的影响减小，且越靠近内侧，影响越小。这种影响最主要的体现就是内侧流道中的工质会通过动静腔室流入最外侧流道，导致最外侧流道中的工质几乎沿着径向流出，大大降低了其做功能力，从而降低透平的等熵效率。

随着盘片外径的降低，多通道透平的内侧流道中的马赫数分布和流线分布与单通道透平的更加相似，这说明其内侧流道中的流场与单通道透平相似，其气动性能也相似，内侧流道的流动与气动已达到一个较高的水平。

不同盘片外径的多通道盘式透平的三维流线图如图6-7所示。内侧喷嘴流道的部分工质，流经动静腔室后，最终流入最外侧盘片流道。随着盘片外径减小，盘片数目增加以保证质量流量不变。对于盘片外径为100mm的盘式透平，内侧喷嘴流道的大部分工质经动静腔室后流入最外侧流道。对于盘片外径为50mm和20mm的盘式透平，内侧喷嘴流道的大部分工质直接流入对应的轮盘流道，仅有靠近壳体外侧的几个喷嘴流道中的部分工质流入最外侧流道。上述流动现象进一步支持表6-5的数据及相关分析。

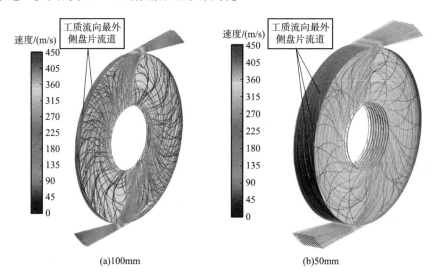

(a)100mm　　　　　　　　　　(b)50mm

图6-7　不同盘片外径的多通道盘式透平的三维流线图

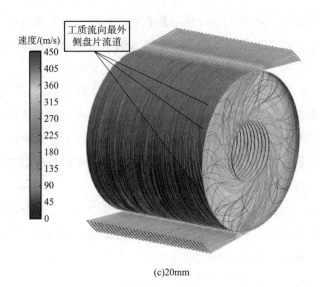

(c)20mm

图6-7　不同盘片外径的多通道盘式透平的三维流线图(续)

多通道盘式透平在微型化后透平等熵效率增加，主要得益于盘片数的增加。多通道盘式透平内侧流道的流动随着盘片数增加，其受到最外侧流道的影响减小，因此可以推测，其最佳转速会越来越接近单通道透平的最佳转速。这也说明，虽然单通道盘式透平在实际中不会应用，但对其的研究是非常必要的，可以认为其是盘片数较大时的多通道盘式透平内侧流道中的流动情况。

综上分析可知：对于单通道和多通道盘式透平微型化后气动性能的变化规律不同，对于单通道透平其等熵效率略有降低，说明本书提出的的微型化方法可将单通道盘式透平微型化至特定尺寸并保证其流动效率几乎不变。多通道透平微型化后，其等熵效率大幅提升，说明实际应用的盘式透平在微型化后气动性能更优，其在微型透平机械领域具有很高的应用潜力。

6.3　本章小结

本章提出了针对盘式透平整级的微型化设计方法，能够通过简单计算将盘式透平微型至某一确定尺寸；数值分析了微型盘式透平的总体气动性能及内部流动特性，验证了盘式透平等熵效率随着透平尺寸减小而增加这一优势。主要结论如下：

(1)基于盘式透平流动特性及流动相似原理，提出了盘式透平整级的微型化方法，首先要保证两个最重要的影响参数即轮盘进口无量纲切向速度差及 Ekman 数在微型化过程中不变，将 100mm 盘片外径的透平微型化至 50mm、20mm 及 10mm，其设计转速分别为 88000r/min、220000r/min 和 446000r/min。

（2）数值研究了上述四种单通道透平的气动性能及流动特性。随着透平尺寸降低，透平质量流量及功率大幅降低，等熵效率略有降低。轮盘进口无量纲切向速度差的最佳值随着透平尺寸的增加而略有增加，该参数的设计值在其最佳范围内，验证了本书提出的微型化方法的合理性，在后续的微型化中，微型透平的该参数应略高于原始透平。

（3）数值研究了实际应用中的微型多通道盘式透平的总体气动性能及内部流动特性，各透平模型在设计工况下质量流量相同。随着透平尺寸的减小，盘片数及盘片流道数增加，透平功率及等熵效率大幅增加；内侧盘片流道的流动情况与单通道透平更加相似，最外侧盘片流道对内侧盘片流道中流动的影响大幅降低，多通道透平的等熵效率增加。

参考文献

[1]《中国电力年鉴》编辑委员编. 2013 中国电力年鉴[M]. 北京：中国电力出版社，2014.

[2]丰镇平. 微型燃气轮机技术进展及应用前景[J]. 燃气轮机发电技术，2001，3(1)：9-16.

[3]翁一武，苏明，翁史烈. 先进微型燃气轮机的特点与应用前景[J]. 热能动力工程，2003，18(12)：111-115.

[4]GERENDAS M，PFISTER R. Development of a very small aero - engine[C]//ASME Paper 2000 - GT - 0536，2000.

[5]ISOMURA K，MURAYAMA M，TERAMOTO S，et al. Experiment verification of the feasibility of a 100 W class micro - scale gas turbine at an impeller diameter of 10mm[J]. Journal of Micromechanics and Microengineering，2006，16(9)：254-261.

[6]EPSTEIN A H. Millimeter - scale，MEMS gas turbine engines[J]. ASME Journal of Engineering for Gas Turbines and Power，2004，126(2)：205-226.

[7]EPSTEIN A H，SENTURIA S D. Micro - heat engines，gas turbines and rocket engines[C]//AIAA Paper 98 - 1773，1998.

[8]JONES A C. Design and test of a small，high pressure ratio radial turbine[J]. ASME Journal of Turbomachinery，1996，118(1)：362-370.

[9]FU L，SHI Y，DENG Q H，et al. Aerodynamic design and numerical investigation on overall performance of a microradial turbine with millimeter - scale[J]. ASME Journal of Engineering for Gas Turbines and Power，2010，132(3)：032301 - 1/8.

[10]FU L，SHI Y，DENG Q H，et al. Integrated optimization design for a radial turbine wheel of a 100kW - class microturbine[J]. ASME Journal of Engineering for Gas Turbines and Power，2012，134(1)：012301 - 1/8.

[11]FU L，FENG Z P，LI G J. Experimental investigation on overall performance of a millimeter - scale radial turbine for micro gas turbine[J]. Energy，2017，134：1-9.

[12]FU L，FENG Z P，LI G J. Investigation on design flow of a millimeter - scale radial turbine for micro gas turbine[J]. Microsystem Technologies，2018，24(5)：2333-2347.

[13]沈煜欣，付经伦，刘建军. 叶顶间隙对超微型透平性能影响的数值模拟[J]. 工程热物理学报，2011，32(12)：2030-2033.

[14]EPSTEIN A H，SENTURIA S D. ANATHASURESH G，et al. Power MEMS and microengines[C]//Proceedings of International Solid - State Sensors and Actuators Conference，1997：753-756.

[15] ONISHI T, BURGUBURU A, DESSORENS O, et al. Numerical design and study of a MEMS – based micro turbine[C]//ASME Paper GT2005 – 68168, 2005.

[16] KEDING M, DUDZINSKI P. Improved micron – scale turbine expander for energy recovery[C]// ASME Paper GT2010 – 22296, 2010.

[17] PHILIPPON B. Design of a film cooled MEMS micro turbine[D]. Master Thesis, Massachusetts Institute of Technology, 2001.

[18] 付雷. 毫米级毫米级微型向心涡轮综合设计方法、内流特性分析及试验研究[D]. 西安: 西安交通大学, 2011.

[19] Capstone Turbine Corporation. Capstone low emissions micro turbine technology[R]. Product Datasheets, 2002, 1 – 11.

[20] LIN C C. Development of a microfabricated turbine – driven air bearing rig[D]. PhD Thesis, Massachusetts Institute of Technology, 1999.

[21] LIN T L, MODAFE A. Characterization of dynamic friction in MEMS – based microball bearings [J]. IEEE Transactions on Instrumentation and Measurement, 2004, 53(3): 839 – 846.

[22] EHRICH F F, JACOBSON S A. Development of high speed gas bearings for high – power – density micro – devices[J]. ASME Journal of Engineering for Gas Turbines and Power, 2003, 125 (1): 141 – 148.

[23] WONG C W, ZHANG X, JACOBSON S A, et al. A self – acting gas trust bearing for high speed microrotors[J]. Journal of Microelectromechanical Systems, 2004, 13(2): 158 – 164.

[24] ISOMURA K, TANAKA S, TOGO S, et al. Development of high – speed micro – gas bearings for three – dimensional micro – turbo machines[J]. Journal of Micromechanics and Microengineering, 2005, 15(9): 222 – 227.

[25] SHAN X C, ZHANG Q D, SUN Y F, et al. Design, fabrication and characterization of an air – driven micro turbine device[J]. Journal of Physics: Conference Series, 2006, 34: 316 – 321.

[26] JOVANOVIC S. Design of a 50 – Watt air supplied turbogenerator[D]. Master Thesis, Massachusetts Institute of Technology, 2008.

[27] KEDING M, DUDZINSKI P. Improved micron – scale turbine expander for energy recovery[C]// ASME Paper GT2010 – 22296, 2010.

[28] DEAM R T, LEMMA E, MACE B. On scaling down turbines to millimeter size[J]. ASME Journal of Engineering for Gas Turbines and Power, 2008, 130(3): 052031 – 1/9.

[29] TESLA N. Tesla turbine[P]. USA Patent No. 1, 061, 206, 1913.

[30] TESLA N. Fluid propulsion[P]. USA Patent No. 1, 061, 142, 1913.

[31] BAGINSKI P, JEDRZEJEWSKI L. The strength and dynamic analysis of the prototype of Tesla turbine[J]. Diagnostyka, 2015, 16(3): 17 – 24.

[32] RICE W. Tesla turbomachinery [R]. Proceedings of the 4th International Nikola Tesla Symposium, Serbian Academy of Science and Arts, Belgrade, Yugoslavia, 1991, 117 – 125.

[33] RICE W. Handbook of turbomachinery: Tesla turbomachinery [M]. New York, M. Dekker, 2003.

[34] ROMANIN V D, CAREY V P. An integral perturbation model of flow and momentum transport in rotating microchannels with smooth or microstructured wall surfaces [J]. Physics of Fluids, 2011, 23(8): 082003 – 1/11.

[35] KRISHNAN V G, IQBAL Z, MAHARBIZ M M. A micro Tesla turbine for power generation from low pressure heads and evaporation driven flows [C]//16th International Solid – State Sensors, Actuators and Microsystems Conference, 2011: 1851 – 1854.

[36] ROMANIN V D, KRISHNAN V G, CAREY V P, et al. Experimental and analytical study of sub – Watt scale Tesla turbine performance [C]//ASME Paper IMECE2012 – 89675, 2012.

[37] SENGUPTA S, GUHA A. A theory of Tesla disc turbines [J]. Proceedings of the Institution of Mechanical Engineers, Part A: Journal of Power and Energy, 2012, 226(5): 650 – 663.

[38] KRISHNAN V G, ROMANIN V D, CAREY V P, et al. Design and scaling of microscale Tesla turbines [J]. Journal of Micromechanics and Microengineering, 2013, 23(12): 125001 – 1/12.

[39] GUHA A, SENGUPTA S. Similitude and scaling laws for the rotating flow between concentric discs [J]. Proceedings of the Institution of Mechanical Engineers, Part A: Journal of Power and Energy, 2014, 228(4): 429 – 439.

[40] LAMPART P, KOSOWSKI K, PIWOWARSKI M, et al. Design analysis of Tesla microturbine operating on a low – boiling medium [J]. Polish Maritime Research, 2009, Special issue: 28 – 33.

[41] KÖLLING A, LISKER R, HELLWIG U, et al. Friction expander for the generation of electricity (fege) [C]//International Conference on Renewable Energies and Power Quality, 2015.

[42] STEIDEL R, WEISS H. Performance test of a bladeless turbine for geothermal applications [R]. Lawrence Livermore Laboratory, California University, Technical Report No. UCID – 17068, 1976.

[43] TRUMAN C R, RICE W, JANKOWSKI D F. Laminar throughflow of varying – quality steam between co – rotating disks [J]. Journal of Fluids Engineering, 1978, 100(2): 194 – 200.

[44] ROMANIN V D. Theory and performance of Tesla turbines [D]. PhD thesis, University of California, 2012.

[45] KHAN S U M, MAQSOOD I M, ALI E, et al. Proposed applications with implementation techniques of the upcoming renewable energy resource, the Tesla turbine [J]. Journal of Physics: Conference Series, 2013, 439: 012040 – 1/6.

[46] JI F Z, BAO Y P, ZHOU Y, et al. Investigation on performance and implementation of Tesla turbine in engine waste heat recovery[J]. Energy Conversion and Management, 2019, 179: 326 – 338.

[47] CAREY V P. Assessment of Tesla turbine performance for small scale Rankine combined heat and power systems[J]. ASME Journal of Engineering for Gas Turbines and Power, 2010, 132(12): 122301 – 1/8.

[48] ROMANIN V, CAREY V P, NORWOOD Z. Strategies for performance enhancement of Tesla turbines for combined heat and power applications[C]//ASME Paper ES2010 – 90251, 2010.

[49] KRISHNAN V. Design and fabrication of cm – scale Tesla turbines[D]. PhD thesis, University of California, 2015.

[50] LAMPART P, JEDRZEJEWSKI L. Investigations of aerodynamics of Tesla bladeless microturbines[J]. Journal of Theoretical and Applied Mechanics, 2011, 49(2): 477 – 499.

[51] MANFRIDA G, PACINI L, TALLURI L. A revised Tesla turbine concept for ORC applications [J]. Energy Procedia, 2017, 129: 1055 – 1062.

[52] TALLURI L, FIASCHI D, NERI G, et al. Design and optimization of a Tesla turbine for ORC applications[J]. Applied Energy, 2018, 226: 300 – 319.

[53] SONG J, GU C W, LI X S. Performance estimation of Tesla turbine applied in small scale Organic Rankine Cycle(ORC)system[J]. Applied Thermal Engineering, 2017, 110: 318 – 326.

[54] SONG J, REN X D, LI X S, et al. One – dimensional model analysis and performance assessment of Tesla turbine[J]. Applied Thermal Engineering, 2018, 134: 546 – 554.

[55] LEMMA E, DEAM R T, TONCICH D et al. Characterisation of a small viscous flow turbine[J]. Experimental Thermal and Fluid Science, 2008, 33(1): 96 – 105.

[56] WANG B T, OKAMOTO K, YAMAGUCHI K, et al. Loss mechanisms in shear – force pump with multiple corotating disks[J]. ASME Journal of Fluids Engineering, 2014, 136(8): 081101 – 1/10.

[57] WANG B T, OKAMOTO K, TERAMOTO S. Investigation on diffuser design in Tesla compression device[C]//IGCT Paper IGCT 2011 – 201.

[58] MILLER G E, SIDHU A, FINK R et al. Valuation of a multiple disk centrifugal pump as an artificial ventricle[J]. Artificial Organs, 1993, 17(7), 590 – 592.

[59] MILLER G E, MADIGAN M, FINK R. A preliminary flow visualization study in a multiple disk centrifugal artificial ventricle[J]. Artificial Organs, 1995, 19(7), 680 – 684.

[60] ARMSTRONG J H. An investigation of the performance of a modified Tesla turbine[D]. Master Thesis, Georgia Institute of Technology, 1952.

[61] NORTH R C, An investigation of the Tesla turbine [D]. PhD thesis, University of

Maryland, 1969.

[62] GRUBER E L. An investigation of a turbine with a multiple disk rotor[D]. Master Thesis, Arizona State University, 1960.

[63] MATSCH L, RICE W. An asymptotic solution for laminar flow of an incompressible fluid between rotating disks[J]. ASME Journal of Applied Mechanics, 1968, 35(1): 155 – 159.

[64] BOYD K E, RICE W. Laminar inward flow of an incompressible fluid between rotating disks, with full peripheral admission [J]. ASME Journal of Applied Mechanics, 1968, 35 (2): 229 – 237.

[65] BOYACK B E, RICE W. Integral method for flow between corotating disks[J]. ASME Journal of Fluids Engineering, 1971, 93(3): 350 – 354.

[66] RICE W. An analytical and experimental investigation of multiple – disk turbines[J]. ASME Journal of Engineering for Power, 1965, 87(1): 29 – 36.

[67] LAWN M J, RICE W. Calculated design data for the multiple – disk turbine using incompressible fluid[R]. Engineering Research Center, Arizona State University, Technical Report No. ERC – R – 73004, 1973.

[68] LAWN M J, RICE W. Calculated design data for the multiple – disk turbine using incompressible fluid[J]. ASME Journal of Fluids Engineering, 1974, 96(3): 252 – 258.

[69] PATER L L, CROWTHER E, RICE W. Flow regime definition for flow between corotating disks [J]. ASME Journal of Fluids Engineering, 1974, 96(1): 29 – 34.

[70] RICE W, JANKOWSKI D F, TRUMAN C R. Bulk – parameter analysis for two phase through flow between parallel co – rotating disks[C]//25th Meeting on Heat Transfer and Fluid Mechanics Institute, 1976.

[71] TRUMAN C R, RICE W, JANKOWSKI D F. Laminar throughflow of a fluid containing particles between co – rotating disks[J]. ASME Journal of Fluids Engineering, 1979, 101(1): 87 – 92.

[72] ADAMS R, RICE W. Experimental investigation of the flow between corotating disks[J]. ASME Journal of Applied Mechanics, 1970, 37(3): 844 – 849.

[73] CRAWFORD M E. A composite solution method for analytical design and optimization studies of a multiple – disk pump[D]. Master thesis, Arizona State University, 1972.

[74] BEANS E W. Performance characteristics of a friction disc turbine[D]. PhD thesis, Pennsylvania State University, 1961.

[75] BEANS E W. Investigation into the performance characteristics of a friction turbine[J]. Journal of Spacecraft and Rockets, 1966, 3(1): 131 – 134.

[76] DAILY J W, NECE R E. Chamber dimension effects on induced flow and frictional resistance of enclosed rotating disks[J]. Journal of Fluids Engineering, 1960, 82(1): 217 – 230.

[77] BREITER M C, POHLHAUSEN K. Laminar flow between two parallel rotating disks[R]. Aeronautical Research Laboratories, Wright – Patterson Air Force Base, Technical Report No. ARL62 – 318, 1962.

[78] BAKKE E. Theoretical and experimental investigation of the flow phenomena between two co – rotating parallel disks with source flow[D]. PhD thesis, University of Colorado, 1965.

[79] GOL'DIN E M. Flow stability between separator plates[J]. Fluid Dynamics, 1966, 1(2): 104 – 106.

[80] PATANKAR S V, SPALDING D B. A calculation procedure for heat, mass and momentum transfer in three – dimensional parabolic flows[J]. International Journal of Heat and Mass Transfer, 1972, 15(10): 1787 – 1806.

[81] BASSET C E. An integral solution for compressible flow through disc turbines[C]//10th Intersociety Energy Conversion and Engineering Conference, 1975.

[82] GORIN A V, SHILYAEV M I. Laminar flow between rotating disks[J]. Fluid Dynamics, 1976, 11(2): 219 – 224.

[83] GARRISON P W, HARVEY D W, CATTON I. Laminar compressible flow between rotating disks [J]. ASME Journal of Fluids Engineering, 1976, 98(3): 382 – 388.

[84] SAN'KOV P I, SMIRNOV E M. Asymptotic solution of the Navier – Stokes equations for radial fluid flow in the gap between two rotating disks[J]. Journal of Applied Mechanics and Technical Physics, 1983, 24(1): 8 – 12.

[85] LONSDALE G, WALSH J E. Acceleration of the pressure correction method for a rotating Navier – Stokes problem[J]. International Journal for Numerical Methods in Fluids, 1988, 8 (6): 671 – 686.

[86] ALLEN J. Examining the Tesla turbine[D]. Master thesis, University of Dayton, 1989.

[87] COUTO H S, DUARTE J B F, BASTOS – NETTO D. The Tesla turbine revisited[R]. 8th Asia – Pacific International Symposium on Combustion and Energy Utilization, 2006.

[88] PUZYREWSKI R, TESCH K. 1D model calibration based on 3D calculations for Tesla turbine [J]. TASK Quarterly: Scientific Bulletin of Academic Computer Centre in Gdansk, 2010, 14 (3): 237 – 248.

[89] CAREY V P. Computational/theoretical modeling of flow physics and transport in disk rotor drag turbine expanders for green energy conversion technologies[C]//ASME Paper IMECE2010 – 41017, 2010.

[90] GUHA A, SENGUPTA S. The fluid dynamics of the rotating flow in a Tesla disc turbine[J]. European Journal of Mechanics – B/Fluids, 2013, 37(2013): 112 – 123.

[91] GUHA A, SENGUPTA S. The fluid dynamics of work transfer in the non – uniform viscous rota-

ting flow within a Tesla disc turbomachine[J]. Physics of Fluids, 2014, 26(3): 033601 – 1/27.

[92]MANFRIDA G, TALLURI L. Fluid dynamics assessment of the Tesla turbine rotor[J]. Thermal Science, 2019, 23(1): 1 – 10.

[93]BORATE H P, MISAL N D. An effect of surface finish and spacing between discs on the performance of disc turbine[J]. International Journal of Applied Research in Mechanical Engineering, 2012, 2(1): 25 – 30.

[94]WANG B T, KONOMURA R, YAMAGUCHI K, et al. Investigation on shear force pump with grooved disks[C]//AJCPP Paper AJCPP2012 – 131, 2012.

[95]LEAMAN A B. The design, construction and investigation of a Tesla turbine. Master thesis, University of Maryland, 1950.

[96]DAVYDOV A B, SHERSTYUK A N. Experimental research on a disc microturbine[J]. Russian Engineering Journal, 1980, 60(8): 19 – 22.

[97]HOYA G P, GUHA A. The design of a test rig and study of the performance and efficiency of a Tesla disc turbine[J]. Proceedings of the Institution of Mechanical Engineers, Part A: Journal of Power and Energy, 2009, 223(4): 451 – 465.

[98]GUHA A, SMILEY B. Experiment and analysis for an improved design of the inlet and nozzle in Tesla disc turbines[J]. Proceedings of the Institution of Mechanical Engineers, Part A: Journal of Power and Energy, 2010, 224(2): 261 – 277.

[99]OKAMOTO K, GOTO K, TERAMOTO S, et al. Experimental investigation of inflow condition effects on Tesla turbine performance[C]//ISABE – 2017 – 22554, 2017.

[100]GALINDO Y, REYES – NAVA J A, HERNANDEZ Y, et al. Effect of disc spacing and pressure flow on a modifiable Tesla turbine: Experimental and numerical analysis[J]. Applied Thermal Engineering, 2021, 192: 116792.

[101]包光宇. 边界层透平研制与试验研究[D]. 北京: 清华大学, 2014.

[102]RUSIN K, WROBLEWSKI W, RULIK S, et al. Performance study of a bladeless microturbine [J]. Energies, 2021, 14: 3794.

[103]RENUKE A, REGGIO F, TRAVERSO A, et al. Experimental characterization of losses in bladeless turbine prototype[J]. ASME Journal of Engineering for Gas Turbines and Power, 2022, 144(4): 041009.

[104]ZHOU M, GARNER C P, REEVES M. Numerical modelling and particle image velocimetry measurement of the laminar flow field induced by an enclosed rotating disc[J]. International Journal for Numerical Methods in Fluids, 1996, 22(4): 283 – 296.

[105]NAKATA Y, MURTHY J Y, METZGER D E. Computation of laminar flow and heat transfer

over an enclosed rotating disk with and without jet impingement[J]. ASME Journal of Turbomachinery, 1992, 114(4): 881 – 890.

[106]HIRATA K, FURUE M, SUGAWARA N, et al. An experimental study of three dimensional vortical structures between co – rotating disks[J]. Journal of Physics: Conference Series, 2005, 14: 213 – 219.

[107]TSAI Y S, CHANG Y M, CHANG Y J, et al. Phase – resolved PIV measurements of the flow between a pair of co – rotating disks in a cylindrical enclosure[J]. Journal of Fluids and Structures, 2007, 23(2): 191 – 206.

[108]SCHOSSER C, LECHELER S, PFITZNER M. A test rig for the investigation of the performance and flow field of Tesla friction turbines[C]//ASME Paper GT2014 – 25399, 2014.

[109]SCHOSSER C. Experimental and numerical investigations and optimisation of Tesla – radial turbines[D]. PhD Thesis, University of Munich, 2015.

[110]LADINO A F R. Numerical simulation of the flow field in a friction – type turbine(Tesla Turbine)[R]. Institute of Thermal Powerplants, Vienna University of Technology, Technical report, 2004.

[111]LADINO A F R. Numerical simulation of the flow field in a friction – type turbine(Tesla Turbine)[D]. Diploma thesis, Vienna University of Technology, 2004.

[112]HIDEMA T, OKAMOTO K, TERAMOTO S, et al. Numerical investigation of inlet effects on Tesla turbine performance[C]//AJCPP Paper AJCPP2010 – 080, 2010.

[113]OKAMOTO K, HIDEMA T, ONOZATO D, et al. Numerical investigation of internal flow dynamics for Tesla turbine design[C]//ISABE – 2013 – 1710, 2013.

[114]LAKSHMAN R, FRANCIS A. Fabrication and design analysis of blade – less turbine operating on a low boiling medium[C]//International Conference on Advanced Trends in Engineering and Technology, 2014.

[115]SIDDIQUI M S, AHMED H, AHMED S. Numerical simulation of a compressed air driven Tesla turbine[C]//ASME Paper POWER2014 – 32069, 2014.

[116]PANDEY R J, PUDASAINI S, DHAKAL S, et al. Design and computational analysis of 1kW Tesla turbine[J]. International Journal of Scientific and Research Publication, 2014, 4(11): 1 – 5.

[117]GUHA A, SENGUPTA S. A non – dimensional study of the flow through co – rotating discs and performance optimization of a Tesla disc turbine[J]. Proceedings of the Institution of Mechanical Engineers, Part A: Journal of Power and Energy, 2017, 231(8): 721 – 738.

[118]PERRI A, RENUKE A, TRAVERSO A. Innovative expanders for supercritical carbon dioxide cycles[C]//ASME paper GT2022 – 83116, 2022.

[119]SENGUPTA S, GUHA A. Inflow – rotor interaction in Tesla disc turbines: Effects of discrete inflows, finite disc thickness, and radial clearance on the fluid dynamics and performance of the turbine[J]. Proceedings of the Institution of Mechanical Engineers, Part A: Journal of Power and Energy, 2018, 232(8): 971 – 991.

[120]CRAWDORD M E, RICE W. Calculated design data for the multiple – disk pump using incompressible fluid[J]. ASME Journal of Engineering for Power, 1974, 96: 274 – 282.

[121]RICE W. An analytical and experimental investigation of multiple disk pumps and compressors [J]. ASME Journal of Engineering for Power, 1963, 85: 191 – 198.

[122]LAROCHE E, RIBAUD Y. An analysis of the internal aerodynamic losses produced in the laminar and centrifugal flow between two co – rotating discs[C]//Third European Conference on Turbomachinery: Fluid Dynamic and Thermodynamics, IMechE Event Publications, London, Paper No. C557/001/99.

[123]HASINGER S H, KEHRT L G. Investigation of a shear force pump[J]. ASME Journal of Engineering for Power, 1963, 85(3): 201 – 207.

[124]沈维道, 童钧耕. 工程热力学[M]. 北京: 高等教育出版社, 2007.

[125]CARLSON D R, WIDNALL S E, PEETERS M F. A flow – visualization study of transition in plane Poiseuille flow[J]. Journal of Fluid Mechanics, 1982, 121: 487 – 505.